建筑设计过程中质性评价研究及其应用

魏书祥◎著

现代教育出版社

图书在版编目（CIP）数据

建筑设计过程中质性评价研究及其应用 / 魏书祥著.
—北京：现代教育出版社，2015.11
　　ISBN 978-7-5106-3467-3

　　Ⅰ.①建… Ⅱ.①魏… Ⅲ.①建筑设计—研究 Ⅳ.
①TU2

　　中国版本图书馆 CIP 数据核字（2015）第 247440 号

建筑设计过程中质性评价研究及其应用

策　　划	范继义
著　　者	魏书祥
责任编辑	刘小华　　王帅利
封面设计	人文在线

出版发行	现代教育出版社
地　　址	北京市朝阳区安华里 504 号 E 座
邮　　编	100011
电　　话	（010）64244927
传　　真	（010）64251256

印　　刷	北京天正元印务有限公司
开　　本	710mm×1000mm　1/16
印　　张	12.5
字　　数	179 千字
版　　次	2016 年 1 月第 1 版
印　　次	2016 年 1 月第 1 次印刷
书　　号	ISBN 978-7-5106-3467-3
定　　价	38.00 元

序

魏书祥是我的第一位博士研究生，这篇文字也是我第一次为他人的正式出版物作序——这两个"第一"决定了这本书在我心目中的特殊性。

从硕士研究生至今，魏书祥已在我的团队学习了五年。五年里，基于团队关于"可持续建筑与城市空间生成与评价"的整体研究思路，他的学术方向逐渐明晰，有条不紊地展开了关于可持续建筑设计过程与方法的深入钻研。目前呈现在读者面前的这本著作，便是他的部分研究成果。

建筑本身的多样性和复杂性决定了设计问题与解决方式的复杂性。这些多样且复杂的设计问题中的相当部分已经超越了建筑师的经验判断能力范畴。在传统设计流程中，从草图走向建筑落成的全过程中包含了大量的感觉、经验，也充满了无法言传的判断。借助计算机数据处理和愈发强大的虚拟仿真能力，建筑设计可以超越对基本功能和外观形态的经验性把控，而从后期的反证评价逐步走向对全过程的预测与判断，以此来优化提升建筑的合理性。

上述观点包含了建筑设计过程中的两类与生俱来的问题——即关于"质"和"量"的问题。在建筑设计过程的前期，对质性问题的整体把握在较大程度上决定了建筑的建成效果。需要解决的质性问题，不仅包括建筑造型、功能布局、交通组织等传统建筑学的基本问题，更重要的是综合处理好"建筑—人—环境"的共生关系，也需要与社会学、人类学等学科的支撑与联系。这已是众多建筑师与建筑设计研究者的基本共识。如何借鉴人类学、社会学的研究方法，丰富和提升建筑设计理论研究内容与层次，魏书祥给出了他的部分答案。

本书是魏书祥近几年来对可持续建筑设计、设计过程方法论、质性研究、质性评价等课题研究的凝练。他试图将传统设计过程中的质性与量化剥离，重点关注在设计过程初期建筑师潜移默化中使用的质化研究与评价。与传统的建筑设计方法相比，该书提出的QEM^BDP模型是在剖析质性研究与评价介入设计过程机理的基础上对传统设计过程的优化，督促或监督建筑师在设计过程中更能从人（使用者）的角度操作设计，实现更高品质的建筑，是对当下建筑设计实践中"重技术、轻方法；重量化、轻质化"现象的学术回应。

在工业设计实践中，一种工具（或者流程）的改进将会带来整个生产线的巨大改变，并带来巨大的经济效益。同样属于设计范畴的建筑设计，将过程模型作为一种工具引起一场设计革命也一直是建筑师的目标。本书将QEM^BDP模型作为一种设计工具是对建筑设计工具体系的重要补充，并将质性研究与质性评价进行了较好的跨学科应用，对建筑设计实践回归以人与环境为主导有重要的引导和启发作用，对建筑学及相关专业的研究学者、建筑师、学生等均有一定的参考价值。

必须看到，以"设计过程"为对象的研究有着极大的困难。面对不同时代、不同条件、不同设计任务、不同设计者，设计过程中包含的特殊性、个体性、差异性是显而易见的，但为了在共性层面贡献有价值的技术参考，一定程度上解决相当数量的基本问题，魏书祥选择了这样一个课题进行工作。从学术研究精神上说，这是难能可贵的。

希望魏书祥继续保持对建筑设计及城市设计研究的激情和敏锐，获得更大的进步。

是为序。

褚冬竹

重庆大学建筑城规学院 教授、博士生导师

2015 年 7 月 20 日

目　　录

1 缘　起

1.1 问　题

　　"我们（建筑师）应该优先考虑建筑使用者（人）的需求，然后才是建筑的硬件及设施。同时，建筑师必须在选址、朝向、造型、布局，以及设备选择等方面，通过设计策略对当地的气候与生态环境创造性地做出解答，应该最大限度地利用当地的资源。当然，这种工程策划的设计结果，绝不是限制创造性的发挥。建筑设计能够被定量地加以评价，并立于某种工程逻辑之上。但是，我们必须认识到：生态设计的方法并非是由一套不能改变的、标准化的设计法则构成，并由此推导出一系列确定的建筑形式。变化是可能的，任何其它偏离了规范，但富有创意的设计方法都可以被采纳。"

　　——Ken Yeang，1999，《Designing and Planning the Green Skyscraper》

　　马来西亚建筑师杨经文（Ken Yeang）是全球比较著名的建筑设计及理论大师，从引文可以看出，他认为建筑师应该综合考虑使用者的需求，正确处理人-建筑-环境的关系，并且不能完全被"量化"（Quantitative）的技术束缚，要重视质性建筑创作对设计的主导作用。

1

1.1.1 时代要求："人-建筑-环境"的共生关系

全球正在进行大范围的建设活动，尤其是发展中国家，建设活动在带来大量能源消耗的同时，也加剧了环境污染。作为发展中国家，追求较高品质生活的同时，走环境友好型路线是维持平衡的最佳道路。

当下，人们对生活质量的感知已不再仅限于物质依赖，而是涵盖各种基本要素，如生活场所、生活环境、交际关系等，希望在公正公平、可持续的社会中做出自身的贡献并获取回报。这种生活质量的新认知对可持续发展道路的延续至关重要，设计崭新的可持续人类活动场所需要基于此观念，人们已经意识到与建筑、环境的共生关系（图 1.1）。

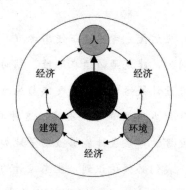

图 1.1 "人-建筑-环境"的共生关系

因此，对于建筑师而言，处理好"人-建筑-环境"的关系被提到了首要位置，设计过程不再是单纯地处理建筑造型、功能布局、交通组织等传统建筑学的基本问题。建筑的最终目的是供人类使用，在解决与人相关的问题方面，社会学、人类学等领域有着较为丰富的经验，所以在可持续发展的时代浪潮之下，建筑学向社会学学习的事情必须要提到重要日程上来，在社会学领域应用广泛的质性研究以及后来发展出的质性评价已经引起了国外诸多建筑师的重视，并已经开始应用。而在中国，质性研究与质性评价的应用大多是在教育学、社会学、人类学等领域，针对建筑设计实践中"重技术、轻方法；重量化、轻质化"的问题，在建筑学领域的开拓迫在眉睫。

1.1.2　设计过程："定性"与"质性"

建筑设计即是建筑相关人员（Stakeholder，包含建筑师、工程师、政府、使用者等）在建筑师的组织下，处理人、建筑、环境的关系，使其和谐相处的过程，而经济在处理关系的过程中也起到重要的纽带作用。

进入 21 世纪以来，人们对生活品质的要求迅速提高，对于为人类设计生活场所的建筑师而言，"关注生活、提升建筑品质"成为关注的焦点。建筑设计方法的变革成为时代发展的需求，也是建筑师自身修养水平发展到一定阶段的必然产物。近几年来，越来越多建筑学学者走向建筑设计过程研究及优化的道路。

在实践过程中，从工作性质的层面讲，建筑设计包含建筑创作与技术设计两个方面，建筑创作与技术设计相互影响，随着技术的发展、人类思维的进步，建筑创作的领导地位越来越突出（图 1.2）。对于提高建筑效能，在某一时期技术发展到某一程度时，建筑创作带来的力量是无穷的。但是，现在又走进一个误区——采用新设备，建筑创作的权重有所降低。

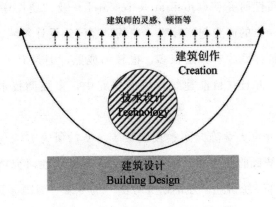

图 1.2　建筑创作与技术设计的关系

由于事物在人的引领下总是在发展变化之中，将研究人类学、社会学的质性研究与质性评价应用到建筑设计过程是个极佳的选择。

目前，评价思维在建筑设计及城市规划设计领域逐渐成为热门，但是在文献查阅过程中，发现"定性评价"与"定量评价"出现在了很多学位论文及期刊杂志上，"定量评价"容易理解，但是"定性评价"让笔者产生了些困惑，因为在进行建筑设计时，很多要素都是要通过基础研究或者经验而来，如何"定性"？最终如何走向"定量"？毕竟在这词语中有个"定"字，有实证主义的色彩，但是相应学者将"定性评价"译为"Qualitative Evaluation"，这使很多概念纠缠在了一起，因此笔者对这两个词相关的内容进行了深入的基础研究。

研究发现，"定性研究"与"质性研究"有着本质的区别，最主要的是资料是否来源于环境。定性研究虽然与质性研究也有很多相似之处，但是在本体论与认识论上有着重要区别，前者站在实证主义的立场上，认为存在绝对的真理与客观现实，不是"定量"的，就是"定性"的，定性研究没有原始资料的调查，是建立在形而上的思维方式之上的，发挥的是一种议论与舆论的功能（景天魁，1994），更多的是强调研究者个人观点和感受。而建筑更主要的是建成后供使用者生活起居用，所以对于建筑设计而言，强调环境、过程的质性评价与质性研究更有应用价值。

①国内相关研究

我国对"质性研究"（Qualitative research）及"质性评价"（Qualitative evaluation）的研究起步较晚，尤其是在建筑设计领域。目前，国内关于建筑的评价体系或者方法很多，也较为成熟，但是对于设计（过程）的评价却较少，并且在目前建筑评价的研究中，多强调技术（或者说量的）方面的评价。

2000年，北京大学陈向明教授出版了《质的研究方法与社会科学研究》①，这本书是目前国内质性研究被广泛认可的质性研究指导书籍，本书是国内第一部系统讲述"质的研究方法"的专著，对国际社会科学界提

---

① 在陈向明教授的著作中，大约在2008年以前多数将Qualitative Research翻译为"质的研究"，之后为了与国内大部分专家统一，多称"质性研究"。所以本书为了与当前国内学术界统一，将有关Qualitative的研究与评价分别称为"质性研究"与"质性评价"。

出的有关理论以及当时发展出来的操作手段进行了极为深入的探讨，并结合有关西方学者以及陈教授自己的研究实例对质性研究方法进行了生动表达。在此之后，陈向明教授先后出版了《在行动中学作质的研究》(2003)、《如何成为质的研究者——质的研究方法的教与学/北京大学教育研究系列》(2004)、《社会科学研究：方法评论》(2006)、《质性研究：反思与评论（第壹卷）》(2008)、《质性研究：反思与评论（第贰卷）》(2010)等。

2005 年，以 Daniel T. L. Shek，Vera M. Y. Tang，X. Y. Han 为主的香港中文大学的研究团队将 qualitative 和 evaluation 作为搜索关键词，通过对 1990－2003 年质性评价在社会科学领域应用情况的分析，对质性评价作为一种方法的实用性及可靠性进行了评价。结果表明，该领域质性评价的质量并不是很高，主要表现在哲学基础、可审性、偏见、真实价值、一致性、信息校核等方面，针对这几个方面提出了改进意见，这为质性评价方法向建筑学领域拓展提供了宝贵意见。

2010 年，武汉大学邱均平、文庭孝教授等写作了《评价学：理论·方法·实践》一书，这是目前在中国大陆少有的关于 Qualitative Evaluation（质性评价，该书中翻译为定性评价）的书籍，该书从评价理论、评价方法以及评价实践三个方面对科学评价问题进行了系统研究。对质性评价与量化评价进行了明确区分与定义，对评价过程及方法进行了多个维度的讲述，对目前国内质性评价的发展有一定的指导意义。

在文献查阅过程中，发现在与建筑设计相近的城市规划及历史文化名城保护领域，也有文献应用了"定性评价"方法，这对政府管理部门组织的评价有很大的作用。但是作为建筑师，可以参考"定性"方法，在建筑设计实践中应用最佳还是"质性"方法，如果要将这两个词联系在一起，笔者认为"定性"是"质性"的高级阶段。

国内学界对质性评价的相关研究呈现快速发展的态势，通过 CNKI 文献检索综合，质性评价在各学科的应用逐年增加，其中 2010 年到 2011 年同比增长了近 50％，尤其在工业技术领域有了很大程度的增长。在建筑科学领域，近5年来已经从无到有，并开始引起业界的关注。在自然科学、工程类学科领域，已经不仅局限于纯粹的技术性发展，更重要的是这些领域对技术与人的关系愈发关注。

②国外相关研究

相比国内学者对质性研究及质性评价的研究及应用，国外的研究较早，并且在社会学、教育学等领域的理论已经较为成熟，

2004年，美国纽约大学 Jeane W. Anastas 发表《Quality in Qualitative Evaluation：Issues and Possible Answers》一文，指出质性评价与量化评价在评价目的、评价方法方面有着显著的不同，有着自己的专业术语。在该研究中，明确了质性评价的定义，对质性评价过程以及过程中的特殊方法技巧进行了说明。由于质性评价是问题型评价，注重的是描述，该文主要讨论了评价问题的明确性、质性评价的认识论框架、使用理论的有效性、伦理问题、计算机辅助文档处理等问题，以此确保数据的可靠性以及结果的有效性。

2008年，美国社会心理学家 Matthew B. Miles（迈尔斯）等出版了《质性资料的分析：方法与实践》一书，迈尔斯对质性研究的科学取向进行了梳理，强化了质性研究人员的逻辑思考与实践能力，使研究新手更易走进质性研究的大门，顺利进行资料分析，进而提高研究者及读者对研究成果的信心。迈尔斯为质性研究人员铺就了一条为学的捷径，指引出资料分析的方向和道路。

2008年，美国教育学家 Joseph A. Maxwell（麦可斯维尔）编著了《Qualitative Research Design》（质性研究设计）一书，Maxwell 教授通过丰富的生活实例及生动风趣的方式系统地讲解了质性研究的模型，同时也提供了具体研究设计的步骤和手段，真正做到理论与实践的结合。本书为质性研究的初学者，以及想用质性研究方法的社会学、教育学及心理学等相关学科的工作者提供了较大的参考价值。

质性评价在建筑设计领域的应用也逐渐成熟，在与美国评价协会（AEA）会长"Qualitative Methods"分会主席 Jennifer Jewiss 的交流中

获知，国际的很多建筑师也开始应用质性评价方法。

目前，在建筑学领域主要包括两个方面，一方面是对现存建筑的质性评价，另一方面是设计过程中评价。对现存建筑的质性评价比较权威且有代表性的研究主要包括：

倡导在建筑设计过程中进行质性评价最具代表性的是美国建筑师协会（AIA）健康建筑分会会长 D. Kirk Hamilton[①]，其代表性的著作是《Evidence-Based Design for Multiple Building Types》（D. Kirk Hamilton, 2008）。书中指出，基于真相的设计是一个建筑师、室内设计师、设备、设计及建造过程中其他参与人员共同参与的过程。基于质性研究以及项目质性评价的信息，设计师与了解情况的使用者共同做出决定。

《Qualitative and quantitative assessment of interior moisture bufferingby enclosures》（Hans Janssen, Staf Roels, 2009）中，指出在达到建筑可持续、耐用性、健康、舒适的过程中，对于湿度的控制越来越受到人们的重视，对室内的湿度进行质性与量化的评价是非常重要的。通过仪器设备模拟等可以达到量化评价的效果，对室内湿度进行质性评价引起人们的重视，但是准确的质性评价方法是解决问题的关键。为解决这一问题，Hans Janssen 等建立了湿度曲线与人体感受的关系，确保了质性评价的有效性，这也为室内湿度量化评价提供了参考。

《Passive control methods for a comfortable indoor environment：Comparative investigation of traditional and modern architecture of Kerala in summer》（A. S. Dili, M. A. Naseer, T. Zacharia Varghese, 2011）中，A. S. Dili 等对印度西南部城市 Kerala 建筑在夏季应对炎热气候的被动式

---

① D. Kirk Hamilton, FAIA, FACHA, is associate director of the Center for Health Systems & Design and associate professor of architecture at Texas A&M University. His research focuses on the relationship between evidence-based design of health facilities and measurable organizational perform-ance. A founding principal emeritus of WHR Architects, Hamilton is a board-certified health-care architect with thirty years' experience in hospital design. Currently on the board of The Center for Health Design, Hamilton has served as president of both the AIA Academy of Architecture for Health and the American College of Healthcare Architects.

设计策略进行了比较研究。首先通过质性研究与评价方法对室内环境进行了评价，通过量化技术进行了匹配研究。在研究的最初阶段，为了解并比较传统建筑与现代建筑的效能，在炎热的夏季通过团队对两种建筑同时进行了质性研究与质性评价。最后通过"Architectural Evaluation System"（建筑评价系统）对室内外环境条件进行了测量。

《Evaluation of Indoor Environment of Comfort Houses：Qualitative and Quantitative Approaches》（Camilla Brunsgaard，Per Heiselberg，Mary-Ann Knudstrup，Tine S. Larsen，2012）中倡导将质性评价的方法运用到建筑设计过程。文中指出在保持较健康、舒适的情况下，新建筑以及老建筑更新应该在改善效能方面投入精力，而被动式房屋是一种比较好的节能方式。该研究以丹麦一些获得被动式房屋认证（称作"舒适建筑"，Comfort Houses）的建筑为例，通过量化工具测量以及对使用者的质性采访对室内环境进行了评价，更加清晰地表达室内环境的品质。研究表明，在建筑设计过程中建筑师应该加强对使用者的关注，将质性评价以及对使用者行为的研究融入设计过程，在如何健康合理使用建筑方面，建筑师应该给予使用者意见。

《Solar passive techniques in the vernacular buildings of coastal regions inNagapattinam，TamilNadu-India-a qualitative and quantitative analysis》（R. Shanthi Priya，M. C. Sundarraja，S. Radhakrishnan，L. Vijayalakshmi，2012）中，R. Shanthi Priya 等通过探讨基于生物与气候概念的乡土建筑（Bioclimatic concepts in vernacular architecture）在上世纪文明中的发展，引出其研究对象——印度 Nagapatinam 沿海地区的乡土建筑，这一带的建筑以使用自然、被动式的策略营造舒适的室内环境而著名，但是到目前为止没有得到量化证明。R. Shanthi Priya 等通过量化与质性分析、评价方法对该地带的一个乡土居住建筑进行了调查研究，研究结果表明，在这些建筑中使用的被动式太阳能技术为住民提供了舒适的室内热环境。

《Buildings energy sustainability and health research via interdisciplinarityand harmony》（Marija S. Todorovic，Jeong Tai Kim，2012）中，

Marija S. Todorovic 等指出可持续发展、健康、社会安全、可再生能源利用是紧密相连的，在对可持续的定义、相关评价标准进行了研究之后，对与建筑的健康、可持续性技术相关的技术进行了调查与评价。基于建筑智能与自动化的研究被认为是可持续建筑设计、建造、运营中的关键技术，研究表明，对室内环境的质量、能效、健康程度、能耗相关的质性研究以及质性评价方法没有引起建筑师足够的重视。Marija 一直致力于健康建筑、可持续建筑的相关研究，包括效能模型、评价方法、评价标准、以及其它相关知识等，强调未来的研究要关注可持续建筑中各要素和谐发展。

在文献查阅及整理中发现，国外建筑师越来越重视"质性"在设计过程中的控制力，"质性"相关理论在建筑实践中逐渐得到应用，在国内建筑界，急需建立系统的"质性"理论，因此，以此为切入点展开研究非常有实践意义，时机也已成熟。

1.1.3　设计评价：难以量化的"质化"问题亟须关注

在建筑设计过程中，建筑师需要不断处理可量化以及不可量化的问题，分别对应"量的"（Quantitative）与"质的"（Qualitative）问题（为了与国内大多数学科的权威专家一致，下文分别称为"量化"与"质性"，对应的研究及评价，分别称为"量化研究"与"质性研究"，"量化评价"与"质性评价"）。

根据对传统质性研究的理解，其与实际环境紧密联系，所以无论是建筑的使用者、不相干者、设计团队成员（包括设计师、合作者、竞争者、投资者、社会团体等）[①]，都可以通过质性评价阐述/描述对某项设计或者

---

① Jeane W. Anastas. 2004. "Because qualitative research is by definition embedded in the real-world context of service delivery, qualitative evaluation can illuminate the views of services held by users and nonusers, staff members who provide the service at all levels, collaborators and competitors, funders, community members, and those conducting the research regardless of their role and relationship to the services being provided and evaluated."

事物的观点。因为收集质性评价信息的方式是开放的，所以通过质性评价可以阐述相关人员期望以及不期望发生的、项目的优点及缺点，这些答案对项目的推进有着非常重要的作用，这恰恰是通过量化评价不能完全解决的[①]。

近年来，很多建筑师多次强调在设计过程早期对不可量化的问题进行评价对建筑完成之后效能影响的重要性。例如，在场地布局时，如果不能合理选择建筑朝向及总平面布局，到设计后期进行能耗模拟时会出现非常不理想的结果，这时再进行调整，严重影响了设计的效率，如果不从根源解决问题，期望通过主动设备进行调整，这将带来不必要能源消耗的同时，对人们的舒适也会产生较大的影响，这不符合建筑设计的总体理念，因此建筑设计中的"质性"问题亟须解决。

建筑学在解决"质性"问题上的理论相对匮乏，所以有必要向其他学科学习，寻找方法的基本原则是能够与"人""环境"有着密切的关系。国际方面，质性研究（Qualitative Research）与质性评价（Qualitative Evaluation）在环境卫生、心理学、社会学等领域已经有了较为广泛的应用，并有增长的趋势，这些学科的特点是都与"人"有着密切关系的，而建筑设计正是处理"人-建筑-环境"的和谐关系，并且自古以来建筑就与人有着不可分割的密切关系，所以对建筑设计方法进行优化及研究，借鉴研究"人"的方法是较好的尝试（图 1.3）。

1.1.4　设计工具：缺少普适性强的方法类工具

设计活动的主要内容包括设计目的、设计方法、设计成果三个部分，

---

① Jeane W. Anastas. 2004. "Because of the open-ended way in which data are elicited, qualitative evaluation can also illuminate expected and unexpected perceptions of the service or practice method being examined, unanticipated service needs or duplications of service, and unexpected as well as expected positive or negative service outcomes. These are all issues that are important to the development and effective implementation of social work services but that quantitative approaches to evaluation are not usually designed to address."

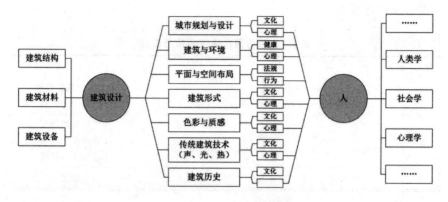

图 1.3 人与建筑的研究领域

这三个部分的内容有机的组合在一起，就会组成设计过程（有些学者称为设计流程、设计程序等），对于设计方法而言，在事实的过程中受两个方面因素的影响，一个是设计工具，一个是设计成果的形式[①]。

现在市面上存在纷繁的计算机辅助工具（表 1.1），随着工具的增多，建筑师以及学生的困惑也在增多，因为很多工具都是从别的领域学来的，并且这些工具会随着信息技术的发达越来越多，建筑师需要学习每一个新工具吗？可能性比较小。但是，工具的更新能够带来方法的更新、产业的革命是毋庸置疑的，因为在科学技术史上出现了太多这样的案例。

基于此，希望换一种视角思考设计工具，从北京建筑设计研究院胡越总建筑师的《建筑设计流程的转变》（胡越，2012）可获知"方法作为工具"的观点，导师褚冬竹也曾多次讲述相关理论（褚冬竹，2012）。因此本人希望从这个角度解开对设计工具的困惑，丰富设计工具体系。其实将方法作为一种工具也容易理解，我们知道在工业设计中，一项工具（或者流程）的改进将会带来整个生产线的巨大改变并带来巨大的经济效益，同样作为设计，在建筑领域将方法作为工具引起一场建筑革命也存在极大的可能。这促使了对优化设计方法的思考，并且希望能从人类学、社会学的

[①] 北京市建筑设计研究院的胡越建筑师在探讨建筑设计方法变革时，认为设计流程结构可以作为一种工具来讨论变革，其著作中从方法论的角度说明了从方法到工具的推演，探讨了两者的关系。

角度出发进行思考。

表1.1　目前国内建筑师常用工具

序号	名称	主要用途
1	Office 系列 （word、excel、powerpoint、visio 等）	·文档、数据管理 ·简单图表绘制
2	Adobe 系列 （Photoshop、Illustrator、Indesign、Acrobat 等）	·图片后期处理 ·设计文本制作 ·设计文件管理
3	AutoCAD	·绘图
4	天正系列	·绘图
5	Autodesk Revit 系列	·绘图 ·建模
6	Rhino 及其插件 Grasshopper 等	·绘图 ·建模
7	Google SketchUp	·建模
8	Radiance	·采光分析
9	Cadna/A	·噪音分析
10	Winair	·通风分析
11	Fluent	·通风分析
12	PHOENICS	·综合性能分析
13	Autodesk Ecotect（含 Weather Tool）	·综合性能分析

　　作为一种建筑师易于使用的工具，应该有易用、集成、简洁、针对性强的特点，如果工具能够得到一个较大建筑师群体的认可，将会带来一次新的建筑设计方法的革新，能够引领一次设计革命或许成为设计工具革新的最高目标[①]。

　　基于以上当下建筑设计面临的问题以及困惑，笔者研究了大量的国外社会学家、人类学家、建筑师、建筑理论家等的相关理论，以及国内教育学家、人类学家等在这方面的论著，尝试将质性研究与质性评价的理论应用到建筑设计过程中，并建立"建筑设计过程中质性评价方法（Qualita-

---

　　① 胡越在其著作中还提到，从西方最初的建筑设计以来，影响建筑潮流的就是建筑师群体。

tive Evaluation Methodology in Building Design Process) 模型",并将模型应用于实践。

1.2 概 念

1.2.1 质性研究（Qualitative Research）

"质性研究有复杂的关注点"[①]（Gill Ereaut，Director，Linguistic Landscapes，UK）。Gill Ereaut 认为，主要包括四个方面言语、文化、行动、意图（图 1.4）即，

- 人在说些什么?
- 人的生活环境（社会、文化、自然）如何?
- 人在做些什么或者曾经做过什么?
- 人想表达什么? 到底需要什么?

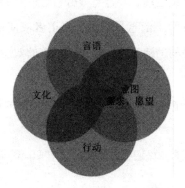

图 1.4 Gill Ereaut 对质性研究焦点的图形描述

来源：根据 Gill Ereau 理论绘制

---

① "Qualitative research has multiple focal points." 来源：http://www.qsrinternational. com/what-is-qualitative-research. aspx

目前，对于"质性研究"的定义仍然存在分歧，研究学者们对质性研究的定义并无定论，单从概念来讲，就有质的研究、质化研究、质性研究等。通过大量查找文献，笔者认为北京大学陈向明（2000）在《质的研究方法与社会科学研究》一书中提出的定义比较中立，被大多数人接受："质的研究（质性研究）是以研究者本人作为研究工具，在自然情境下采用多种资料收集的方法，对社会现象进行整体性探究，使用归纳的方法分析资料和形成理论，通过与研究对象互动，对其行为和意义建构获得解释性理解的一种活动"。此与 Denzin & Lincoln （1994）的理论基本一致[①]。

目前，质性研究被广泛应用于商业决策、制定政策等方面。深度访谈、民族志等是主要的应用方法，近些年在国际建筑设计领域的应用逐渐增多。

需要强调的是，"质性研究"的概念也有狭义与广义之分，陈向明教授的定义中"整体性探究"包含对事物的评价，是广义的，随着学科的逐步发展及实践需要，"质性评价"已经从传统的"质性研究"中独立出来成为一门重要的学术发展方向。

建筑设计中的质性研究是指建筑师通过实地体验与感知，对使用者的需求与设计条件进行多方位把握，经过有效分析之后将成果用于辅助建筑设计。其主要适用于与人的日常生活息息相关、使用者或使用者的目的相对稳定的建筑设计，主要任务是辅助建筑设计，提高建筑的效能及使用者舒适度。

1.2.2　质性评价（Qualitative Evaluation）

量化评价主要回答"我们做了多少？"（"How *much* did we do?"），除

---

① "Qualitative research is multimethod in focus, involving an interpretive, naturalistic approach to its subject matter. That means that qualitative researchers study things in their natural settings, attempting to make sense of or interpret phenomena in terms of the meanings people bring to them. Qualitative research involves the studied use and collection of a variety of empirical materials—case study, personal experience, introspective, life story, interview, observational, historical, interactional, and visual texts—that describe routine and problematic moments and meaning in individuals' lives."

此之外，质性评价是一个回答"我们所做的事情，好到什么程度？"
（"How *well* did we do?"）的评估过程。质性评价由于是从质性研究的概
念中发展出来，不同的学者进行了不一样的演绎。

对质性评价进行系统论述的有 Ian Graham Ronald Shaw（1999）、
James C. McDavid & Laura R. L. Hawthorn（2006）、Miller，W. L.
& Crabtree，B. F.（1992）、Jeane W. Anastas（2004），其中 Jeane
W. Anastas 认为：

"Because qualitative evaluation is a subtype within qualitative re-
search. …I define qualitative evaluation as the application of qualitative re-
search methods to questions of practice andprogram evaluation."

即是说，质性评价是质性研究的一个亚类，是将其他质性研究方法应
用到实践问题以及项目评价的过程。这与 Miller（1992）等在其《Doing
Qualitative Research》中的描述是一致的，Miller 提出了质性研究的范畴
与质性研究的学术传统，其中也包含了质性评价研究（表1.2）。

表 1.2　质性研究的范畴与研究传统

质性研究的范畴	质性研究的学术传统
生活经验（生活世界） • 作为个体的行动者的意向 • 与社会情境相连的行动者	心理学 • 现象学 • 阐释学
个人的 • 个人的传记	心理学与人类学 • 生活史
行为/事件 • 有时间性并处于环境中 • 与环境有关	心理学 • 性格形成学 • 生态心理学
社会世界 • 人们如何达成共识 • 人类如何创造象征、符号和环境，并在其中互动 • 社会中各种类别的一般关系	社会学 • 常人方法学 • 象征互动主义（符号学） • 扎根理论
文化 • 作为一个整体 • 作为符号世界 • 作为社会组织分享意义和语义规则的认知图式	人类学 • 民族志 • 符号人类学 • 认知人类学

质性研究的范畴	质性研究的学术传统
交流/说话 · 实际会话的方式与轮换规则 · 非语言交流的方式与轮换规则 · 交流的形态与规则	社会语言学 · 语言分析 · 人体运动与会话科学 · 交流民族志
实践与工程 · 护理工作 · 教与学 · 管理/消费 · 评价	应用型专业技术 · 护理研究 · 教育研究 · 组织/市场研究 · 评价研究

来源：Miller & Crabtree，1992：24

在评价学的分类中，如果根据评价的信息基础，可以将其分为基于专家知识的评价[①]、基于统计数据的评价、基于系统模型的评价，而这几种类型的性质分别为质性评价、量化评价、综合评价。因此在学术界在论著中对"主观评价"与"质性评价"的模糊应用的问题就可以理解了。（表1.3）

表1.3　评价学的主要方法分类及代表性方法

性质	方法	代表性方法
质性评价	基于专家知识的评价 （主观评价）	同行评议法、德尔菲法、专家评议法 调查研究法、案例分析法、定标比超法
量化评价	基于统计数据的评价 （客观评价）	文献计量法、科学计量法、经济计量法
综合评价	基于系统模型的评价 （综合评价）	层次分析法、模糊分析法、运筹学方法 统计分析法、系统工程方法、智能评价方法

来源：参考邱均平等《评价学：理论·方法·实践》

建筑设计中的质性评价是指建筑师通过调研问卷或访谈等形式，全面掌握使用者对设计的态度、团队对条件的回应等情况，经过有效综合分析之后将成果用于辅助方案选择及建筑设计。其适用范围及主要目的与质性研究基本一致。

---

① 其中包含"定性评价"。

1.2.3 质性评价与质性研究的关系

根据以上对质性评价与质性研究概念的阐述，从广义的质性研究来看，质性评价属于质性研究众多类型中的一种，而质性评价又是运用其他质性研究方法对事件进行描述与评价，其过程中又包含质性研究的步骤，所以两者的关系是相互包含、相互推进的（图1.5）。为了深入了解质性研究与质性评价在建筑设计过程中的应用机理，本书中第二章中的质性研究、第三章中的质性评价均属狭义上的详细解释（除特殊说明外），在此予以明确。

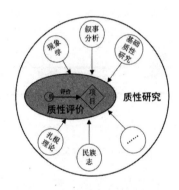

图 1.5　质性评价与质性研究的关系

1.3　对象与意义

1.3.1　研究对象

本书以建筑设计过程中质性评价（Qualitative evaluation）为核心研究对象，并对与之相关的问题展开剖析，包括建筑师、设计过程、质性研究、评价体系（问题）等。研究包括了质性研究与建筑设计、质性评价与建筑设计、建筑设计过程中质性评价方法模型等关键主题，最后将建筑设计过程中质性评价方法模型应用到某邮轮母港码头客运大楼概念设计的案例中。从研究对象来看，本书属于设计研究（Design Research）的范畴，即通过对设计（方法）进行研究，并对其进行优化，在一定程度上使建筑设计得到回归，进而提高建筑的整体效能（Performance，或称"性能"）。

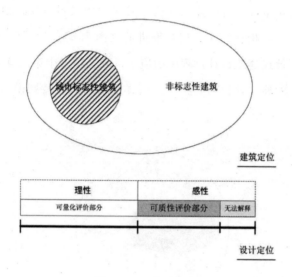

图 1.6　研究对象定位

　　因此，研究对象的定位包括两方面（图1.6），一方面在建筑定位上，本书将目标针对性地放在与人们生活息息相关的大量建筑上，通过质性研究，深入挖掘随着城市及社会发展，人、建筑、环境等各方面新的需求，指导建筑设计；另一方面在设计定位上，对设计进行划分的方式有很多，其中一种是感性与理性，对于理性部分，基本上都可以采用量化的方法进行评价，而对于感性部分，其中有一小部分是无法解释，无法评价的，比如建筑师的灵感、顿悟等创造性部分（正如前文讨论设计过程时提到的技术设计与建筑创作，建筑创作中有一小部分是无法解释的，就连设计师自己也不清楚自己为什么会有如此的想法），本书质性评价的对象是感性中可评价的部分，这一部分是可判断的，并且是可以转化为量的，例如建筑的色彩，建筑师在进行感性的建筑创作时，经常会说采用

"石榴红"或者"玫瑰红"的面砖之类的术语，这些在最初是不能量化的，但是只要颜色确定，输入计算机，通过软件即可显示 RGB 值，这就变为可量化的了。

从科学研究方法"定量—定性"的角度来讲，本书主要采用了定性研究[①]，主要包括调查研究、行为研究、人种学研究、案例研究，在很多讲述研究方法的论著中将调查研究归为定量研究，据本书实际，调查研究的目的并不是通过大量的数据陈述来表达一个事件，而是具有针对性的调查研究，最终结果主要是描述性的。为了切实将理论应用于实践，还采用了实践研究的方法巩固与检验理论（图 1.7）。

图 1.7　质性思维对建筑设计方法的意义

1.3.2　研究意义

设计是人创造的，最终受益者应该不仅仅是人，还应该包括与人的生活息息相关的建筑与环境，离开了人的生活及人与环境的和谐相处，设计的价值便无从谈起（李立新，2011）。

对价值最合理化的追求也是建筑设计的目标，20 世纪初，富勒提出

---

① 关于研究方法，参考（英）Jonathan Grix 的《The Foundations of Rsearch》（《研究方法的第一本书》）。

了其著名的宣言"以更少获取更多"①，在设计中通过对空间与结构、设备、建筑、环境等关系的处理，追求"人-建筑-环境"整体价值最大化。谈到设计价值，会牵涉出"投入"与"产出"两个术语，建筑设计即是在追求用最少的投入获得最大的产出（尹培如，陈荣彬，2012）。研究的主要目标是，一方面深入剖析建筑的设计过程，探索新的设计方法，帮助建筑师更加合理、高效地进行设计活动；另一方面，重点剖析设计过程中介入性的质性评价，提高"人"的在建筑设计活动中的参与度，使人、建筑、环境和谐相处。

①对人的意义

在建筑界，有一个很古老的话题，"究竟是谁设计了建筑"？很多建筑师给出过回答，得到广泛认可的答案便是"人"。其实还有一个巨大的建筑师群体——动物，韩国 KBS 电视台制作的纪录片《大自然的建筑师》（Wildlife Architects）中指出澳洲利奇菲尔德国家公园磁石白蚁的建造能力是人的 7 倍，其建筑的主体朝向、室内通风手段以及对周围建筑、环境的考虑超乎人的想象（图 1.8）。白蚁都能从自身及环境的角度如此重视"建筑"的集体营造，每一个人是否也应该从自己的角度为建筑与环境的和谐出一份力量，如此可持续建筑将很快成为普通建筑。

质性评价正是对这种想法的回应，从"人"的角度出发，探索建筑设计的方法，对建筑设计中"质"（Qualitative）的问题进行探讨；应用基础质性研究方法，挖掘质性策略，然后建立质性评价问题体系。作为质性研究的主要研究对象以及质性评价的评价主体，每个人都在参与建筑设计活动。

②对建筑与环境的意义

对环境的研究一直以来被排斥在建筑历史及其理论之外，主要是因为 20 世纪很多对环境的关注把焦点放在了建筑设备和工程方面，这种现象

---

① FULLER R B. Nine Chains to the Moon [M]. New York: Anchor Books, 1971: 252−259.

图 1.8　磁石白蚁建造与居住的建筑

来源：韩国 KBS 电视台

近年得到了明显改善。

从传统意义上来讲，建筑是没有生命的，在整个社会活动中作为客体产生、存在、消失。随着社会、经济、技术的迅速发展，全球环境逐渐恶化，同时人们对生活质量水平要求又越来越高，这必然唤起了人们将环境、建筑提到主体地位，人与自然和谐相处的觉悟。而对"质"的关注，实际上将每一个公民的角色都融入建筑设计过程中，发挥每一个建筑相关人员的主观能动性，将建筑与环境作为主体，提高人与自然和谐相处的认识观。

③对设计过程与设计方法的意义

设计是一个过程，而建筑设计过程正是建筑师与环境发生对话的过程。评价贯穿整个过程，分质性评价与量化评价两种。随着计算机技术的发展，在目前的建筑设计过程研究或实践中，很多建筑师对计算机模拟产生了依赖，对自己或者其他人群对设计的主观评价予以过分质疑，致使质性评价与量化评价失衡。

将质性评价从评价中提取出来单独研究，实际是想通过质性评价推动优化机制，然后对建筑设计方法进行优化。一方面对设计过程进行了更深入的剖析，使建筑师更加理性地进行设计，提高质性评价的主导地位；另一方面有助于建筑师以及使用者发挥自己的主观能动性，共同设计出与人、环境和谐相处的建筑。

　　④对可持续发展的意义

　　除了在《我们共同的未来》中对"可持续发展"的定义，在自然、社会、经济、科技领域均具有更进一步的阐释，其中 1991 年，由世界自然保护同盟（INCN）、联合国环境规划署（UN－EP）和世界野生生物基金会（WWF）共同发表的《保护地球：可持续生存战略》（Caring for the Earth：A Strategy for Sustainable Living）中，将可持续发展定义为，"在不超出维持生态系统涵容能力的情况下，改善人类的生活品质"。本书重点剖析质性评价在建筑设计过程中的作用，正是对"生态系统涵容能力"、"生活品质"的重视，也借此体现了人类价值观的进化。

2 质性研究与建筑设计

作为对当今社会学、人类学理论的回应，建筑设计产生了传统、技术、城市化①三个永恒的主题（窦平平，2008），这与"人、建筑、环境"基本是吻合的。我们处在新世纪，笔者在此还是想引用希契柯克（Hichcock）和约翰逊（Johnson）在那本高度敏锐探讨建筑现代（1932）趋势《国际风格》（International Style）书中的一句话，"……功能主义者的理想常在于追求满足什么，而不去注意真正需要什么，不是面对现实困难，而是冲向不确定的未来"（勃罗德彭特，张韦译，1990），这是质性研究介入到建筑设计过程的重要任务。

建筑设计中的质性研究是指建筑师通过实地体验与感知，对使用者的需求与设计条件进行多方位把握，经过有效分析之后将成果用于辅助建筑设计。

质性研究是一种基于调查的研究方法，横跨不同的专业、领域及学科，同时也出现了许多复杂的、与之相互关联的专业术语，如大家较为熟悉的民族志、案例研究等，目前主要应用于社会科学研究、市场环境研究等领域，在建筑设计领域应用的指导性理论较为欠缺，因此对相关理论进行的完善非常迫切。本书尝试通过对理论的梳理，结合建筑学专业特色尝试性应用。

---

① 前文提到建筑设计即是建筑师正确处理"人-建筑-环境"的关系，此处所提的"建筑"包含其周边"环境"的概念，这也是被当前建筑界认可。

2.1 质性研究的基础理论概述

2.1.1 缘起

为了使建筑设计界所应用的不系统的"质性研究"系统化,梳理其发展显得非常必要。

在质性研究的学术著作中,包括 Tesch(1990)、Bogdan 和 Biklen (2003)等在内的学者都对质性研究的发展过程做过分析,但是没有具体的分期及命名。在众多学者中,为质性研究的发展分期并命名的,可能只有 Denzin & Lincoln(1994)[①],到 2005 年,他们最终提出八个时期——萌芽时期(1900~1950)、基础理论建立时期(1950~1970)、多元化时期(1970~1986)、危机时期(1986~1990)、后现代时期(1990~1995)、后实验时期(1995~2000)、方法论的论辩时期(2000~2004)、百花齐放时期(2005~至今),这些时期间多少会有些重叠,但特色并存,早期的特色没有因为年代久远而消逝。

其中基础理论建构时期(Denzin & Lincoln 称此时期为现代主义时期[②])是质性研究的黄金时期,不论是在理论依据,还是方法论部分,都取得了较大的突破。这个时期的主导思潮是后实证主义,研究学者试着将质性研究正规化、严谨化,就像量化研究一样。此时期《探索扎根理论:质性研究的策略》(Discovery of Grounded Theory:Strategies for Quali-

---

① Denzin & Lincoln 在 1994 年的著作中将其分为五期,2003 年的著作中增加了两期,2005 年的著作中则分成八期。但是这些发展的分期是针对北美的,较一般性的质性研究发展而言,事实上,每个专业所采用的质性研究的发展并不一致,这需要各专业去厘清。Denzin & Lincoln(2005b)将质性研究的发展分为八个时期。

② 这时期的代表作《白衣男孩(Boys in White)》,这本著作试着将质性研究做的像量化研究般严谨。

tative Research）（Barney Glaser & Anselm Strauss，1967）与《教育评价中的自然调查法》（Toward a Methodology of Naturalistic Inquiry）（Egon Guba，1978）两部著作对质性研究的发展起了重要的推动作用。

当下，质性研究的研究方法和研究模式发展稳定，主要表现在四个方面：将理论与实践重新联系、地域性应用特色凸显、多学科交叉应用、基础质性研究得到重视（Lincoln，Y. S. & Denzin，N. K.，2005）。

2.1.2 类型

质性研究的分类方式有很多，Patton（2002）讨论了质性研究的 16 个"理论传统"，其中有些是我们较为熟悉的分类，例如民族志和扎根理论，而其他的则较不常见，像符号语言学和混沌理论；Cresswell（2007）提出了质性研究的五种"取经方法"——叙事研究、现象学、扎根理论、民族志与案例研究等。这些分类基本上是社会学、人类学的研究专家总结发展起来的，建筑学是一门综合学科，与人类学、社会学等也有密切的关系，因此，将质性研究拓展应用到建筑设计领域也是常理之事，也是必然趋势。

通过对社会学、人类学应用中质性研究分类的归纳与理解，将质性研究方法在建筑学领域的应用总结为以下五种：

① 基础质性研究（Basic Qualitative Research）

质性研究的主要特征是个体在生活环境中互动并在互动中建构真实，建构主义是构成基础质性研究的根基。建筑师在进行质性研究时，应全心投入到研究对象的生活环境中，发现各种"关系"。需要强调的是，质性研究中的这种"关系"并不是被虚造出的，而是被建构出来的（Crotty，M.，1998）。所有的基础质性研究都希望了解意义（或者说"关系"）是如何建构的、研究对象是如何赋予自己的生命和生活世界意义的、以及这意义为何，在许多学科及实践领域得到了应用，是最常见的质性研究类型。

② 现象学（Phenomenology）

由于现象学的哲学思想也是质性研究的基础，有些学者认为所有质性研究都应该是现象学的，从某种意义上来却确是如此。现象学是 20 世纪以胡塞尔为首的哲学派系，同时也是一种质性研究方法（Husserl, E., 1970）。从其哲学起源来看，现象学关注的是经验本身，以及经验是如何转化为认知的过程。因此，现象学的任务是阐述经验的本质或者基本结构，通常这类研究是关于人类情感的。

③ 扎根理论（Grounded Theory）

扎根理论是一种特殊的研究方法，是社会学家 Glaser 及 Strauss 于 1967 年在著作《探索扎根理论》（The Discovery of Grounded Theory）中提出的（Glaser, B. G., &Strauss, A., 1967），其研究成果是一套源于或者扎根于资料的理论。扎根理论区别于其它质性研究在于对于建立理论的关注。不论研究人员是否要建立一套扎根理论，资料分析中的持续比较法被广泛应用于各种质性研究，这也是为什么"扎根理论"被滥用于描述其它类型的质性研究。

④民族志（Ethnography）

民族志（Ethnography）是指，在自然、社会环境中观察并与环境互动，深度观察人类的行动、信念与爱好的调查方法。

在质性研究的所有类型中，民族志是建筑师最熟悉、也是最常用的一种研究方法，其发展可追溯到 19 世纪晚期（edlock, B., 2000）。Michael Quinn Patton（1990）认为"Ethnography ＝ Fieldwork ＋ Observation"，通过 Michael 著作，总结出对于建筑学专业人员比较好理解的民族志的概念：

为了解某一群体的文化，研究人员需花费较长的时间与其相处，这也要求研究者需在场所中扮演一名真实的居民，这也是民族志资料收集的主要方法。民族志的核心是"深描"（thick description），但一份民族志的研究成果绝不仅仅是描述，也就这也会进行自己的诠释。

从宏观的角度看，可以说民族志是一种以考古学、语言学与社会文化现象为基础，调查人类与文化形态的方法论（图 2.1）（Patton, M. Q., 1990）。从建筑师的角度，民族志也是在使用者可表现出自然一面的实际生活环境中，建筑师观察日常状况，便能获得目的因素或观点的方法论，这对使用者而言同样适用，比如使用者会反问"设计是什么?"。

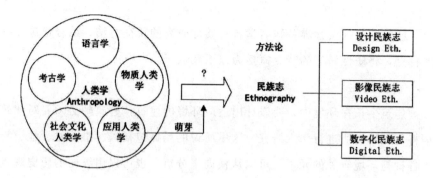

图 2.1　民族志的发展

⑤ 批判质性研究（Critical Qualitative Research）

前文所提到的四种质性研究均可归为阐释研究，而批判研究的目的是批判，即是说批判研究不仅研究社会，而且更期望批判与改变社会（Patton，M. Q.，2002）。

以上这些质性研究的类型虽然关注点各不相同，但是均有一些共同的特性，它们都是在"质性"的广义概念之下（表 2.1）。

表 2.1　质性研究六种类型的比较

类型	主要特点	资料收集手段	资料分析手段
基础质性研究	・关注意义、过程 ・目的性取样 ・结果以主题/范畴呈现	访谈 观察 档案	归纳 比较
现象学	・探寻经验的本质 ・存而不论	访谈 观察	归纳
扎根理论	・实质理论 ・核心范畴	理论取样	持续比较法
民族志	・研究群体的文化	访谈 观察 档案	归纳 比较
批判质性研究	・批判 ・挑战	访谈 观察	心理学分析 语言分析

2.1.3 特性

通过梳理社会学界各知名学者对质性研究的特征总结，结合建筑设计的特点，将质性研究的特点概括为以下几点：

① 场域性

建筑生长在环境中，要设计出适应环境的建筑，建筑师必须要对建筑即将生长的场所进行深入研究，这里所说的场域包括人、事、时、地、物等各种与环境有关的元素，可以从横向来分析，也可以由纵向的历史观点进行分析，当然，这都是建筑师对人类活动受场所影响的假设。

② 解释性

在设计中，建筑师关注的是使用者对场所的需求，尤其是在设计前期，建筑师通常通过面对面的方式与建筑未来的使用者进行互动，了解他们现在的生活场所及方式，对目前的建筑空间形态及建筑造型等建筑的特质进行掌握，并建立与生活习惯及社会民俗的关系，即对这种关系进行解释，以保证未来的建筑能达到使用者对活动场所的要求。

使用者的需求本身是无法自发产生意义的，意义是使用者赋予的。在某一方面的需求对于不同的使用者，可能会产生不同的意义。因此，建筑师在进行前期的质性研究时，应该重视使用者是如何赋予某一需求意义的，这种意义是如何建构出来的。

质性研究没有在建筑学领域得到广泛的推广，这并不代表建筑师没有进行此类的研究探索，任何一个建筑师，或多或少会考虑使用者的需求，只是没有通过严谨的质性研究方法。建筑师（或者其他学科的相关研究人员）应该站在局内人（insider）的角度，感受被研究人员是如何解释他们的生活世界的。这与量化研究有本质区别，量化研究人员往往站在局外人（outsider）的立场，理解或者检验发生的事件。

③ 自下而上性

归纳法是质性研究使用的分析、建构理论的主要方法，是自下而上的过程，要求建筑师从零散的信息资料展开分析，将意义相近或者目的相当的事件归类，往复进行，最终建构出一个较为完整的关系图谱。

归纳法应用到整个设计过程中，在不同的子问题上也会进行，通常有以下几个步骤（图 2.2）：

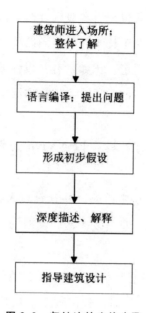

图 2.2 归纳法的实施步骤

第一，建筑师深入未来建筑使用者生活的场所，整体了解现状；

第二，编译当地使用的语言与普通话的关系，找寻本土概念，逐渐产生自己的研究问题；

第三，从收集的资料中，逐渐形成初步假设或者命题，进一步收集资料，修正假设；

第四，对有关的人或事进行深度描述、解释；

第五，将总结出的解释性信息与设计相关联，指导设计。

④ 整体性

质性研究的整体性包括两层含义：第一，在质性研究中，建筑师和使用者的关系尤为重要，这将直接影响研究的效果，区别于量化研究，建筑师是研究工具，在研究过程中，建筑师（或其他建筑师的委托人员）首先要得到使用者（被研究者，或者说研究参与者）的同意，方可进行研究。在长期相处的过程中，建筑师只有处理好与使用者的关系，才能获得更多有效的信息，所以说建筑师和使用者是一个整体；第二，质性研究具有过程性，这里所说的整体性是指整个质性研究的过程是一个整体，只有保持了这个过程的完整性，才能得到更多对设计有价值的信息。

质性研究并不只有这四个特性，在不同的研究、不同的学科会有其他的特点，所以还要视情况而定，比如，有些设计前期的研究，并不重视过程，有些并不重视自下而上的方法，需根据实际灵活处理。

2.1.4 计算机辅助工具：以 NVivo 为例

质性研究收集的资料是零散的，并且量较大，如果采用人工的方法，收集并分析这些无组织的信息是复杂的、耗时的，尤其是遇到大量的卷宗资料时，相当令人畏惧。

① 计算机辅助质性信息分析软件（CAQDAS）简介

"计算机对管理文件、整理、分析数据信息是非常有帮助的，计算机唯一不能做的就是像一个质性研究人员那样思考，但是，计算机不能思考不能算是一种限制，而是给研究人员预留了自己思考的余地。"（Gill Ereaut，博士，语言学家，英国）

计算机拥有组织、处理大量资料的强大能力，方便研究团队成员之间的沟通。电脑的使用已经发展出 CAQDAS（计算机辅助质性资料分析软件，Computer Assisted Qualitative Data Analysis Software）的多个领域。其应用贯穿质性研究的全过程，从资料准备到资料收集与编码分析，CAQDAS 均可起到较大的辅助作用。其优点有很多：第一，辅助建立资料组织档案系统，将资料分类，并范畴化、档案化，便于检索；第二，提供更加严谨的工作平台；第三，其图像化显示功能便于研究者绘制视觉模型，将编码与主题的关系视觉化；第四，对于大型资料集及团队研究有较大的优势。

当然，也并非每一个项目都需要通过计算机辅助质性分析软件，如果一个项目涉及使用者的构成较为简单，可能不需要软件即可高效进行。CAQDAS 包含二十几种软件或网页，本书总结了常用的八种网页及软件（表 2.2），建筑师可以根据需求及软件特征选择应用。

表 2.2 常用计算机辅助质性资料分析软件（CAQDAS）

类别	工具	网址	说明	备注
一般工具	质性资料分析	http：//www. eval. org/	提供工具概述	
	计算机辅助质性资料分析软件	http：//caqdas. soc. surrey. ac. uk/	讨论不同 CAQDAS 工具的优缺点	
常用的商业 CAQDAS 工具	ATLAS/ti	http：//www. atlasti. com/		有免费试用
	Ethnograph	http：//www. qualisresearch. com		有免费试用
	HyperRESEARCH	http：//www. researchware. com	支持处理文字、图片、影音等	有免费试用
	NVivo & XSIGHT	http：//www. qsrinternational. com/products. aspx		有免费试用
其它工具	AnSWR	http：//www. cdc. gov/hiv/ software/answr. htm	以文字为基础记录的分析软件	
	CDC EZ—Text	http：//www. cdc. gov/hov/ software/ez-text. htm		免费使用

② NVivo 简介及分析流程

NVivo 是一款目前最常用质性研究软件，其界面简单，易于操作，并且有非常好的逻辑，方便使用者思考，有助于管理、分析、理解无组织的信息。需要注意的是，它并不能替研究人员思考，而是为研究人员提供一个方便的工作平台，帮助处理信息（图 2.3）。目前，NVivo 软件已经升级到 NVivo 10（简称 N10），与较早版本的软件相比，功能更强大，更加节省时间（图 2.4）。在本书的质性研究及质性评价中将会应用此方法进行辅助。

澳大利亚学者 Bazeley（2007）常用 NVivo 进行资料分析，据其经验，总结出 NVivo 协助进行资料分析的五个方面：第一，管理资料；第二，管理想法；第三，查询资料；第四，信息模型化；第五，从资料中完成报告。

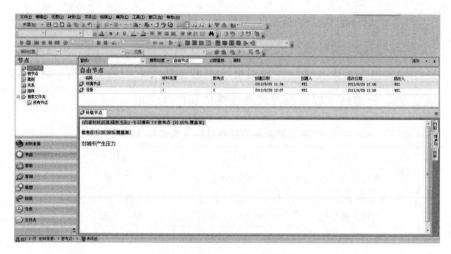

图 2.3   Nvivo8 的工作界面

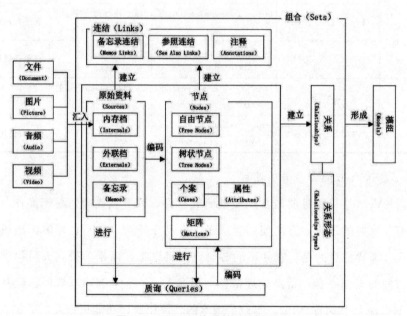

图 2.4   NVivo8 的质性研究流程图

来源：根据参考文献（郭玉霞，2009）改绘

2.1.5   质性研究与量化研究的关系与不同

在讲述此关系与不同之前（图 2.5），需要再次强调的是，本书中的

质性研究与量化研究分别是英文 Qualitative research 与 Quantitative research 的译词，与中国的部分学者所说的"定性研究"与"定量研究"有所区别，"定性是定量的基础，定量是定性的精细化"（陈波 等，1989），从此可以看出，定性与定量是线性的过程。而质性研究与量化研究是都必须进行深入、细致的原始资料调查，质性研究与量化研究的应用时，可能存在方法的交叉。

图 2.5　定性研究与定量研究、质性研究与量化研究的关系

在早期，研究主要以实证主义为主，量化研究就是建立在此基础上。质性研究的范畴内，有后实证主义、批判理论、建构主义、以及参与式研究等四个主要的理论支撑，但是，各个理论之间可能会出现对立、冲突，造成质性研究领域内的分歧（Guba，E. & Lincoln，Y.，1981）。

质性研究与量化研究的本体论、认识论及方法论均不同，所以，研究概念、研究过程、结果的呈现等也都不同（表 2.3），鉴于此，质性研究者曾经从理论依据、资料分析、研究过程、方法论等方面对质性研究与量化研究做过比较，结合建筑学专业本身、以及建筑设计过程的特点，从方法论、研究目的、研究过程等方面对质性研究与量化研究进行了详细比较。

表 2.3　质性研究与量化研究的比较

	质性研究	量化研究
相关词语	田野工作、民族志、自然主义的、扎根理论、建构主义	实验、经验、统计
研究焦点	质性（本质、存在）	量性（多少、程度）
哲学基础	现象学、象征互动论、建构主义	实证主义、逻辑经验主义、实在论

	质性研究	量化研究
方法论	阐释的、辩证的	实验的、实证的
认识论	主观的、创造性的	二元论的/客观主义的 研究结果是真实的
本体论	相对主义——现实具有地方性的特点， 是具体地被建构出来的	朴素的现实主义——现实是"真实 的"，而且可以被了解
理论假设	在研究之后产生	在研究之前产生
理论来源	自下而上	自上而下
理论类型	扎根理论，解释性理论，观点，看法	普遍性规范理论
研究者	反思的自我，互动的客体	客观的权威
研究者知识	人文的，人类学的	理论的，定量统计的
研究关系	密切接触，相互影响，变化，信任	相对分离，研究者独立于研究对象
研究层面	微观	宏观
研究环境	自然性，整体性，具体	控制性，暂时性，抽象
研究目的	解释性理解，寻求复杂性，提出新问题	正是普遍现象，预测，寻求共识
研究内容	故事，事件，过程，意义，整体探究	事实，原因，影响，凝固的事物，变量
研究问题	事先确定	在过程中产生
研究设计	弹性的、演变的、新兴的、灵活的、比较宽泛	预先设定的、结构性的
研究手段	语言，图像，描述分析	数字，计算，统计分析
研究工具	研究者本人，录音设备	量表，统计软件，问卷，计算机
抽样	小型、非随机、目的性、理论性	大型、随机、代表性
资料收集	研究者作为主要工具、访谈、观察、文件	无生命的工具（尺规、测验、 调查、问卷、电脑）
资料特点	描述性资料，实地笔记，当事人引言等	量化的资料，可操作的变量，统计数据
分析方法	归纳、持续比较	演绎、统计
研究成果	具理解力的、整体的、扩张的、充分描述	精确的、数据的
价值与事实	分离	密不可分
伦理问题	非常重视	不受重视
效度	相互关系，证伪，可信性，严谨	固定的检测方法，证实
信度	不能重复，因此不具备测量意义	可以重复
结论特点	独特性，地域性	概括性，普适性
成文方式	描述为主，研究者的自我反省	抽象，概括，客观
成文特点	深描，多重声音	简洁，明快

来源：参考 Sharan B. Merriam 的《Qualitative Research：A Guide to Design and Implementation》，并广泛搜集其他社会学、人类学著作，整理而成

① 方法论

在实证主义与后实证主义方面，量化研究与质性研究均受实证主义与后实证主义的影响，而量化研究立足于实证主义，绝大部分的质性研究者属于后实证主义，采用多种方法，尽可能捕捉实体，同时使用电脑进行辅助分析，如次数统计、表格等。从历史的角度来看，质性研究本来就是在实证主义的基础之上发展而来的，难免会有遗留的色彩，但是，质性研究不会用复杂的统计来表达其研究发现。

② 研究目的

在研究过程中，发现一些分别与质性研究、量化研究相关的关键词经常出现，例如，质性研究中的意义、对日常生活的理解、环境、过程、建构等，量化研究的变量、操作、信度、效度、假设、统计、预测等。通过这些，各自的研究目的也清晰可见，质性研究的研究目的包括发展当地的概念、描述复杂的现实、发展人们的内心思维等，量化研究的研究目的包括理论测试、发现唯一实体、描述统计、寻找变量间的关系、预测等。

③ 研究过程

质性研究与量化研究的步骤基本相似，包括研究设计、资料收集、资料分析等，但是由于资料性质的不同，使步骤的内在不同，进而导致研究成果的表达不同。质性研究的资料是描述性的，包括个人及官方的资料文件、实地考察日记、照片、研究对象的语言表达等，而量化研究的资料是数量的、可测量的、可模拟的。

2.2　质性研究在建筑设计中的应用

在质性研究的所有类型或方法中，民族志方法在设计领域应用的历史最为悠久，可以说"民族志"是赋予设计师能量的设计过程中的研究手法，除了与人们衣、食、住、行息息相关的建筑室内外环境，民族志对人们的工作与闲暇情况也会从不同的方面进行描述。人类学家曾为了研究不熟悉的文化，直接去体验，并收集对该文化的关注与行为方式，称为民族志。此方法在设计领域兴起是从90年代中后期开始，积极应用于理解消费者的方法。对于建筑设计而言，使用者就是消费者，但是与民族志等相关的质性研究始终没有在建筑设计领域得到重视与应用。希望通过本书的方法总结与尝试性应用，引起业界学者的重视。

2.2.1 传统质性研究的过程模式

传统的质性研究通常采用一种线性模式，如 Miller & Crabtree (1992) 提出的阶梯式（图2.6），下一步必须要在上一步完成之后才能进行，效率较低；很多质性研究人员认为，研究的各个环节并不是一个线性的连接的关系，应该是循环的、不断递进的过程；基于建构主义的循环设计模式是一个较为理想的过程（Miller & Crabtree，1992）（图2.7），但这是对循环过程的初步解释，为本书的研究也提供了较大的启发；而后，持批判理论观点的学者也比较支持"循环"的思维，但是认为应该强调研究的批判性（鉴于与本书的关系，在此不作赘述）；Maxwell (1996) 认为以往的研究过程一直没有真正反映出质性研究的特点，即关系性的表达，因此，他提出了一种互动模式（图2.7），这虽然将各部分紧密联系，但是缺少了循环模式的优点。

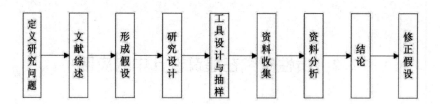

图2.6 阶梯式质性研究过程

来源：Miller & Crabtree，1992：9

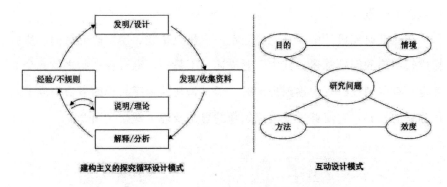

图 2.7　建构主义的探究循环设计模式与互动设计模式

来源：左图 Miller & Crabtree，1992：10；右图 Maxwell，1996：5

2.2.2　基于 Ethnography 的质性研究在建筑设计中的应用程序

受以上几种模式的启发，笔者认为，质性研究过程应该是一个螺旋汇聚的过程，结合建筑设计的实际，将质性研究的过程进行了进一步总结——基于 Ethnography 的质性研究在建筑设计中的应用程序（图 2.8）。

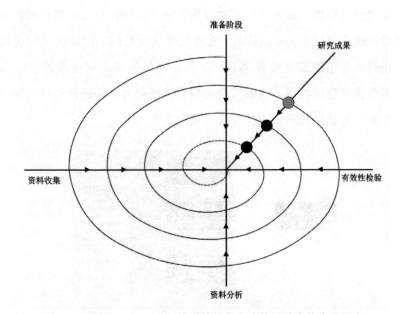

图 2.8　基于 Ethnography 的质性研究在建筑设计中的应用程序

①准备阶段

在质性研究设计中，首先要确定一个研究主题、说明研究目的，然后形成较明确的问题陈述。其中问题描述并不是在研究过程开始之前就全部确定，有些是在过程中逐渐提出的。于是，建筑师感兴趣的事情构成了问题陈述的核心，它能够反映出建筑师的思维及理论框架（图 2.9）。

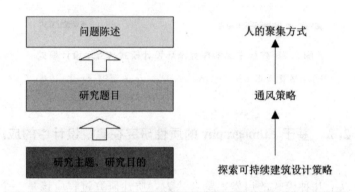

图 2.9　质性研究的理论框架

②资料收集

在设计过程中，建筑师所需要的资料只不过是在环境中找到的普通资料片段的集合（图 2.10）。其中，有些是可以度量的，例如区域的建筑密度；也有些是难以测量或者说不可见的，例如使用者对建筑的感觉与情感、以及传统建筑技术，这就需要通过质性研究的方法进行资料收集，主要资料类型包括出版物、实体环境、使用者等。

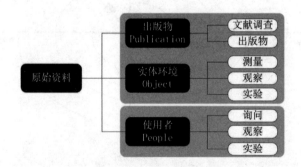

图 2.10　原始资料的类型与对应调研方法

资料的收集即是访谈、观察、阅览、及反复思考等的往复过程。作为一名优秀的建筑师应该清楚地知道，资料并不像海边的贝壳，等在那让人去收集。而是要主动行动，建筑师的价值取向、研究问题，以及选择的样本，直接决定了资料收集技术。

③资料分析

质性研究中的资料收集与资料分析是同时进行的，分析从第一次访谈、第一次观察就已经开始。资料分析时浮现的想法、暂时的假设等都会引导下一步的资料收集，交互影响研究问题的修正。在质性研究的资料分析中，有以下三个需要注意的关键问题：

第一，资料管理

研究者需要熟练掌握自己所掌握的访谈、笔记、档案、以及在收集或思考过程中记下的备忘录等。本书中使用的是 NVivo8 管理资料集，资料应该本着对研究者有意义的原则进行组织，使研究者能在任何时间获得资料的任何细节。

第二，归纳与比较

资料分析是质性研究中最有挑战性的步骤，其关键手段可以归结为两点：归纳、比较，这是 Glaser & Strauss（1967）提出的，当初只是为了发展扎根理论，但现在这已经广泛应用于所有的质性研究中。这个过程是将资料拆分为多个资料片段，然后进行编码，进一步分类、归纳、比较。

首先，建构范畴。范畴是指质性研究中的某一个主题、某一种模式或者与研究问题相关的新发现等，是编码及建构的产物。经过对第一份资料的分类与编码之后，形成最原始的编码表单，然后进行接下来的资料的整理，形成更加丰富的编码表单，这份表单会建构出整个研究的雏形，会反映出反复出现的范畴或主题，范畴是个概念性的事件或传统技术，而非资料本身，存在于资料的各个角落里（图 2.11）。

其次，对范畴与资料进行分类。在分析过程中，会产生很多临时的范畴——对应 NVivo 中的自由节点，并且随着分析的深入，有些范畴会成为子范畴，也会发现新的范畴，研究者需要适时地修正范畴集。范畴的建

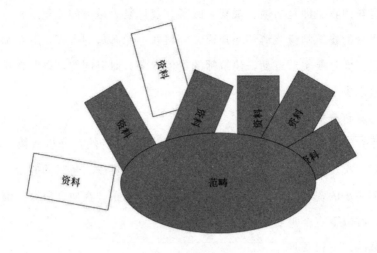

图 2.11 范畴与资料的关系

来源：根据参考文献（沙拉 B. 莫瑞姆，2011）改绘

构具有高度的归纳性（图 2.12），该图表示了质性分析中从归纳到演绎的
过程。

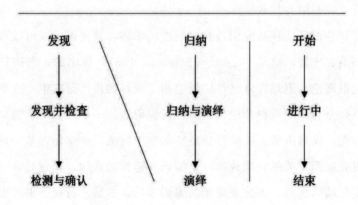

图 2.12 从归纳到演绎的变化过程

再次，范畴命名。给范畴命名基本上是一个直觉过程，但也是系统化
的，受研究目的、研究人员的学识背景等影响，其意义是参与者自己明确
赋予的。对于范畴，需要遵循以下几个原则：回应研究目的、意义广泛、
互相独立、意义明确、概念一致等，对范畴集最好的检查方法是建立范畴
集列表（图 2.13）。

图 2.13 某办公综合楼概念设计的范畴集列表

研究者建构的范畴数量与资料及研究焦点有关，无论如何，数量必须是容易管理的。根据众多质性研究者的经验，范畴越少，其抽象化的程度越大，易识别性越高。

图表是建筑师思考问题的重要方式，在质性分析中，将范畴抽象地连接在一起，形成模型，可以更加直观地把握研究发现之间的互动与联系。总之，资料分析是一个让资料合理化的过程。

④有效性检验

所有研究的结果都应该是以"合理性"为基本要求，产生可信、有效的成果。对于建筑学这种与人们生活息息相关的学科而言，合理的研究成果是非常重要的。

根据质性研究的特点，研究者（建筑师）是研究工具。既然是一种工具，就应该对通过这种工具解决问题的过程进行效度（或称有效性）（validity）与信度（reliability）[1] 的检验，信度是效度的必要条件，也就是说，如果测量是有效的，那么工具一定是可信的，但是如果工具可信，测

---

[1] 效度衡量研究成果的可靠性，及研究的结果是否反映了研究对象的真实情况；而量化研究中所用到的"信度"是指研究结果的一致性、稳定性、可靠性，即重复研究，结果一致的程度。

量不一定有效。由于研究人员既然做这方面的研究，肯定不会说假话，所以信度是没有问题的，在调查对象都说真话的前提下①，对于质性研究而言最关键的是效度，质性研究中效度的种类很多，有描述效度、解释效度、理论效度、推广效度、评价效度等（Maxwell，2002；Shadish、Cook & Campbell，2002）。

质性研究效度是指研究成果是否有效，或者是否有据可循，其检测方法有三角检证②（triangulation）、参与者检核（member checks）或受访者验证（respondent validation）、研究者自我定位（researcher's position）或自我反省（reflexivity）、团队成员互相检验（peer examination）等，本书以三角检证为例进行说明。

三角检证是检验质性研究与评价有效性最常用的方法，Denzin（1978）提出四种三角检证的方法：资料、研究者、方法论、理论三角检证③。在 NVivo8 中，可以通过编码的查询与制图进行三角检证，可通过深描（Gilbert Ryle，1949）提高质性研究的有效性。通过查阅文献对提高有效性的方法进行了总结（表 2.4）。

表 2.4 提高效度的方法

序号	方法	特 点
1	三角检证	采用多位调查人员、多方面的资料来源以及多种资料收集方法，对浮现的研究成果予以确认。
2	参与者检验	将整理好的资料以及当前的诠释，返回给当时资料衍生的参与者，并询问是否说得通。

———————————

① 20 世纪 80 年代质性研究曾经出现过危机，研究人员发现了调查对象可能说假话的问题，这就需要建筑师根据自己的经验发现是否说假话，在这方面产生的信度问题与效度问题，至今无法解决。

② 在后现代观点的文献中，Rchardson（2000）等重新讨论过三角检证，他们不叫"三角检证"，而叫"结晶化"（crystallize），他们认为"结晶化"比"三角检证"有更广泛的意义。但从本书讨论的建构主义的基础角度来看，"三角检证"仍然是维持确定信度与效度的主要策略。也是目前受质性研究学者广泛认可的。

③ 1）资料来源的三角检证是指在同一种方法中，检验不同资料来源的一致性；2）研究者的三角检证是指对不同研究者的研究发现的比较分析；3）方法论的三角检证是指采用多种收集资料的方法，以检验研究发现的一致性。

序号	方法	特　　点
3	进一步收集资料	进一步收集资料，是资料"饱和"，这可能包含正面、负面的资料。
4	研究者自我反省	研究者应该在假设、世界观、偏见、理论支撑等方面进行自我反省。
5	同事检查	与同事进行讨论，考察研究过程、衍生理论与原始资料的一致性与当前的诠释。
6	稽核追踪	在研究过程中，对方法、过程、关键点等细节的连续性进行检查。
7	深度描述	对研究概念化，深度描述，以便读者能够判断实际情况和研究脉络相符的程度，以及研究发现是否能够被推广应用。
8	最大变化	在选择样本方面有意地寻找变化较大的，即样本多样性。

质性研究并非是一个线性的过程，整个过程是互动的。质性研究的有效性主要受研究者的发现、与参与者的互动、资料的三角验证、感知的诠释、丰富的深度描述的影响。与此相关的还有研究伦理的问题，受篇幅所限，在此文不做深入讨论（陈向明，2000）。

⑤成果表达

质性研究的研究报告不同于传统的量化研究，在真实性的表达方面，量化研究使读者相信了其过程的可靠性，但是不会在报告中呈现人的看法、想法或者做了些什么，大部分是结果的表达，而质性研究报告表达了所有的细节描述，以表达研究者的结论是有道理的。

质性研究报告的形式与读者有重要关系，对研究结果感兴趣的群体，可能是一般大众、政府、赞助商、建筑师、研究对象等。每个读者都有不同的兴趣，因此呈现方式也不尽相同。质性研究报告没有标准的格式，其内容取决于读者的兴趣和调查者最初的研究目的，普通大众可能对方法学的信息不感兴趣，而研究人员会对此比较关注，因此要视情况而定。

2.2.3　质性研究在建筑设计中的角色与特点

① 角色

质性研究是可持续建筑设计中设计过程的发源地，设计过程的"催化剂"，设计过程的"自平衡"要素。

a. 设计过程的发源地

如果说"问题"与"需求"是设计的起点（褚冬竹，2012），那么质性研究就是建筑设计过程的"发源地"，建筑设计是一个解决问题、尽可能满足多方面需求的过程。

建筑设计是正确处理"人-建筑-环境"关系的过程，提出有意义的问题、明确来自人、建筑、环境这三个方面的需求对整个设计过程有至关重要的指导意义。在设计过程中，建筑师一般会提出"满足需求"的口号，而这种做法的现状是对于未来使用者的需求凭自己的主观假设（其实是建筑师自己代表了所有未来使用者），对建筑的需求盲目取舍、混淆主次，对环境的需求几乎置之不理。随着可持续口号越喊越高，这种现象逐渐有所改善，但是缺少系统的方法。

为了使建筑设计过程有一个较好的起点，需要正确运用质性研究方法，深入场地环境，通过多方面的途径收集并管理资料，通过分析，形成具有指导意义的"问题"和"需求"。

b. 设计过程的"催化剂"

建筑设计过程是一个复杂的、持续时间较长的过程，如果在设计最初阶段通过质性研究基本明确了需求与问题，就把自己关在工作室里构思、绘图，与场地环境失去了联系，会发现自己经常会遇到项目较难推进的问题，就像设计过程是一个渐进的过程，质性研究亦是如此，在设计过程中依然进行质性研究是非常必要的，它就会像催化剂一样，推动设计过程的发展。

c. 设计过程的"自平衡"要素

建筑设计过程是一个系统，正如一个生态系统的存在需要自我调整平衡，建筑设计亦是如此，当在追求不同向度的价值时，建筑创作可能会与技术设计有所失衡，因此，需要平衡设计过程中的建筑创作与技术设计的"自平衡"要素，这种要素有很多，而质性研究就是其中一种，通过质性研究，对建筑设计所要回答的问题以及多方面的需求深度描述，分析掌握经济要素的作用，追求价值最大化。

② 特点

a. 本在性

质性研究在建筑设计过程中与生俱来，并且建筑师一直在应用质性研究的相关方法推进自己的设计过程，只是建筑师没有注意，或者没有科学系统地应用。

所有的建筑师以及建筑学专业的学生对"调研[①]"这个术语非常熟悉，它是"调查研究[②]"的缩写，包括调查（investigation）与研究（research）两个含义。"调研"这个词语意义非常广泛，在规划设计及建筑设计前期应用频率极高，几乎每个项目汇报都会出现"深入调研"这四个字。其实"调查"只是研究的一种手段，深入分析可知，我们在规划设计或者建筑设计前期所进行的"调研"实际上就是一种研究，它包括质性研究与量化研究。

所以质性研究一直存在于建筑设计过程中，只是大部分建筑师及建筑学专业的学生没有针对性开展应用，笔者也希望通过本书唤起相关人员对"质性"研究或评价的关注，更加有效地进行建筑设计。

b. 同步性

同步性是指质性研究与建筑设计过程是同步的，从设计原点一直到设计过程结束，建筑师需要进行贯穿建筑设计过程始终的质性研究，一方面是因为建筑设计是一项过程性活动，另一方面是因为质性研究本身也是非常重视事件发展的过程，而不只是事件的结果。与量化研究重视"what"相对，建筑师（或者其他相关研究人员）更重视的是"how"和"why"，这也是最容易操作的，效率最高的。

---

① 百度百科"调研是调查研究的简称，指通过各种调查方式，比如现场访问、电话调查、拦截访问、网上调查、邮寄问卷等等形式得到受访者的态度和意见，进行统计分析，研究事物的总的特征。调研的目的是获得系统客观的收集信息研究数据，为决策做准备。"

② "调查研究"最早出现在毛泽东《在扩大的中央工作会议上的讲话》》："调查研究，我们从前做得比较好。"

人们的生活环境是动态的，发展的，不管是自然环境，还是社会环境。质性研究的一个重点是理解与描述这动态的发展过程，以及环境对建筑使用者产生的影响。质性研究通常要求建筑师在建筑/使用者环境中生活或者长时间停留，只有这样，建筑师才能体会到使用者真正的需求，以及随着时间的推进这些需求产生的变化，这是一个自然发展的过程。

c. 引导性

当建筑设计进行到一定阶段时，可能会遇到推进的瓶颈，大部分建筑师可能会认为方案到了不能优化的时候，而进入以技术设计、图纸表达等为主的设计阶段。

在设计周期允许的前提下进行质性研究对设计是非常有益的，由于事物处于发展变化之中，进行新一轮的质性研究，研究成果可能会有很大的不同，产生具有引导性的研究成果，可能会激发设计师的创作灵感，使设计更加优化。

2.2.4 质性研究在建筑设计中应用的局限

① 研究成果的有效性

随着计算机辅助质性分析工具的发展，质性研究的有效性也有了很大程度的提升，但是质性研究的一个特点是，调查的人群比量化研究要小得多，除了住宅建筑设计对未来的使用者进行质性研究之外，对于城市公共建筑设计的应用会有些困难，毕竟建筑未来使用者的身份较难确定，而住宅的使用者也会动态地变化。

② 从质性研究成果到建筑学语言的转化程度

作为一种辅助手段，要求建筑师能够将质性研究成果转译到实体建筑上（或者建筑模拟）。这需要一个过程，需要建筑师从质性研究中能够敏锐地获得有用的信息，虽然计算机辅助质性分析软件可以有所帮助，但是计算机毕竟不能思考，还是需要建筑师主动思考，将质性研究成果转化为建筑师熟知的语言，这直接影响建筑设计的结果。就像资历较老的人类学家能够较早地发现问题一样，如果通过长时间的质性研究，建筑师或许可以能够在最短的时间内抓住关键信息并将其转译为建筑学语言，这需要我们建筑学专业的学生较早系统地应用此方法，为以后能够理性应对动态发展的环境打好基础。

2.3　案例：某商务办公综合楼概念设计前期的质性研究

2.3.1　项目概况[①]

该商务办公综合楼选址位于成都青白江物流园区，建成后将成为某公司总部，有办公、服务、管理的职能，主要功能包括：办公、会议、食品检验、驾驶员公寓、以及银行储蓄等，总建筑面积 $9422.68m^2$。

2.3.2　质性研究过程

①准备阶段

研究的主题是"结合项目实际，挖掘被动式设计策略"，研究目的是"通过设计策略的有效应用，提高建筑效能"，研究题目是"结合成都平原的地域文化，通过对需求及条件的解读，归纳出可持续设计策略"。

a. 研究的脉络及背景

项目所在的青白江区位于成都市区的东北，距市中心 25 公里，处于四川经济活力旺盛的"成德绵乐"经济发展带的中心。规划用地北边为交易区、办公及住宅区，南边为冻库及货车停车区，本项目位于西北角的综

---

① 参与该项目概念设计阶段是在 2011 年 9 月—12 月，设计团队主要成员有褚冬竹（负责人）、塔战洋（组长）、魏书祥、刘德成、李海涛等。

合办公区。（图 2.14）

根据业主的要求，希望建造一栋节能、环保、舒适的可持续建筑，虽然这是建筑师的职责，但是业主对目标的提出，可以提高建筑师追求更高可持续目标的要求。希望通过质性研究，分析来自政府、业主、使用者等多方面的需求，整理气候及地理条件，然后结合建筑师的个人思维，提出适应性的可持续建筑设计策略。

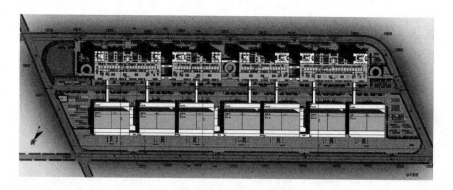

图 2.14　某商务办公综合楼项目区位

来源：Lab. C. [Architecture]建筑设计工作室

b. 结合知识断层详细说明问题

在进行资料收集之前，建筑师（或者建筑师委托其他研究人员）应该通过含蓄或者直接的方式详细说明问题，结合项目实际中基础知识的断层，提出以下问题：

· 成都平原的气候特点如何？

· 场地周边环境如何？

· 成都的社会环境（城市布局、传统建筑布局等）如何？

· 业主的需求是什么？

· 政府的需求是什么？

· 多种使用者的需求分别是什么？

②资料收集

a. 访谈

在质性研究中，访谈是获取质性资料最主要的来源，最常见的是结构式访谈和半结构式访谈，问恰当的问题是获得有意义资料的关键。

此次实践中，在工作室主持人褚冬竹的带领下对业主进行了多次访谈，结合访谈中的录音以及访谈笔记，业主主要提出了以下几个方面：

第一，建筑场地位于市中心通往物流园区的主要交通节点上，进入物流园区会首先看到将来建成的建筑，希望建筑能够传达企业文化，并将文化融入建筑形象中，让人能够通过建筑联想到企业文化。

第二，场地周边交通流量大，不管是道路上的车辆噪声，还是园区内的交易噪声，都可能会影响办公品质，希望能够回避嘈杂的声音，营造宜人舒适的办公空间。（图 2.15）

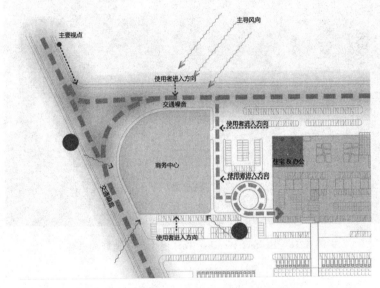

图 2.15　某商务办公综合楼项目场地周边信息

来源：Lab. C. [Architecture]建筑设计工作室

第三，在保证品质的情况下，尽量节省造价。

第四，办公人员复杂，包括驾驶员休息的公寓、办公、管理、储蓄等复杂人群，尽量避免人员的交叉，避免造成管理不便。

b. 观察

在本项目中，由于受业主营销策略的影响，将先建设周边的冷冻区以及住宅区，所以关于场地周边环境的观察，一部分可以通过实地踏勘了解，一部分要通过上一轮的规划设计了解。除了在场地周边观察之外，设计团队还将视野放宽到整个城市，以了解城市文化，目的是将城市文化融入建筑中，观察具有成都平原特色的院落空间等。

c. 文件

"文件"的概念是丰富的，在本项目中，通过网络、业主提供、软件等途径对项目的相关资料进行了收集。由于这些都不是在某种研究目的下产生的，通常包括很多无关的信息，所以建筑师要学会筛选资料（图2.16）。

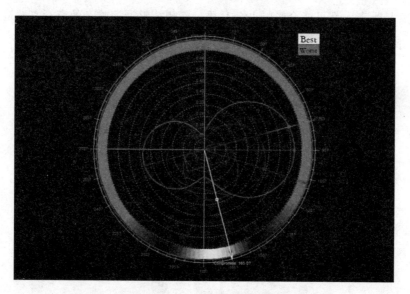

图 2.16　Ecotect Weather Tool 提供的最佳朝向选择

来源：Ecotect Weather Tool

③资料分析

为了便于资料管理与分析，计算机辅助质性分析软件是较好的选择，虽然不能给予解答问题的直接答案，但是可以有效辅助建筑师给予问题答案，本书应用的是 NVivo 软件，下面结合项目进行说明。

a. 建立个案并管理资料

在社会学、人类学等的文献中，个案（Case）通常指一个特定、有范畴（按时间和地点来讲）的现象，个案的特点是具体的、存在或发生于特定环境中，同时和发展理论有关（Schwandt，T.A.，1987），个案可以是个人、过程、事件、团体、组织、社区、国家等。此个案业主为例，目的是了解其对项目的需求以及对设计的想法。采用了深度访谈的方法，分4个环节，并整理成逐字稿，导入原始资料（图 2.17）。

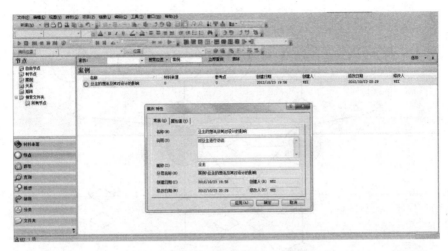

图 2.17　NVivo 导入原始资料

b. 编码与节点

在 N8 中，编码储存在节点中，我们就可以看到被编码段落的原始来源，编码的位置可以变更，段落也可以用多种方式来编码。Richards（2005）提出了组织树状节点的原则：按照概念组织树状节点；对每一类元素用分开的树状；每一个节点只包含一个概念；每一个概念只出现在一个树状节点中。依据以上原则，结合本书的目的以及可持续建筑设计处理"人-建筑-环境"的核心理念，把代码分为四类：（1）人、（2）建筑、（3）环境、（4）经济[1]，建立了树状节点。

c. 建立关系模型

关系是节点的类型之一，在完成树状节点之后，要处理这些节点之间的关系，如果把自由节点、树状节点视为第一层次的编码，关系节点解释第二层次的编码。本项目中运用的关系是"要求"，对建筑、环境、经济、

---

[1]　括号中是笔者编的数字代号，此参考了 Miles，M. B. & Huberman，A. M. 1994. Qualitative data analysis：An expanded sourcebook. Thousand Oaks，CA：Sage.

人的要求建立关系模型（图 2.18）。

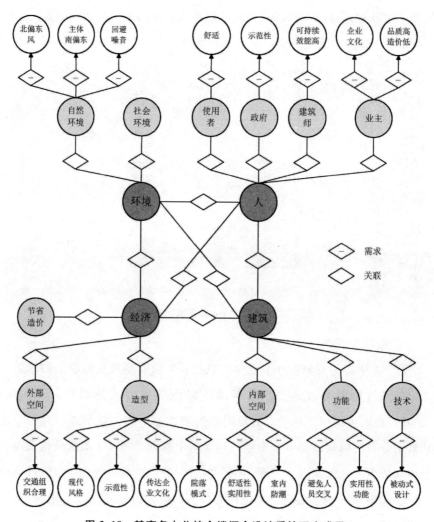

图 2.18　某商务办公综合楼概念设计质性研究成果

④效度检验

NVivo8 中，运用条件编码的查询来进行三角检证，项目过程中，在访谈稿与文件之间进行了三角检证，检验访谈稿与建筑师的观察或思维之间是否存在重叠，检验结果有效。

⑤成果表达：质性设计策略

本项目中，通过关系建构，对接下来设计的方向进行了明确，与传统的质性研究报告有所区别的是，建筑设计中的质性研究成果只需要将有指导意义的成果清晰明了地表达出来即可（表 2.5）。

表 2.5　某商务办公综合楼概念设计质性研究成果——建筑设计策略

主体	要素	质性可持续建筑设计策略
人	使用者	舒适
	业主	企业文化
		保证品质的情况下节省造价
	政府	示范性
	建筑师	可持续效能高
建筑	功能	避免人流交叉
		实用性
	造型	企业文化
		示范性
		现代风格
		院落模式
	技术	合理应用被动式建筑设计策略
	外部空间	交通组织合理
	内部空间	舒适性与实用性
		室内防潮
环境	社会环境	——
	自然环境	建筑主体南偏东 15 度
		有效运用北偏东的主导风向
		回避噪音
经济	——	保证品质的情况下节省造价

综上，将质性研究的应用到建筑设计中，是对国外人类学、社会学以及建筑学研究现状的尝试性探索，通过质性研究，一方面可以帮助建筑师与建筑使用者、管理者（stakeholder）等进行交流，另一方面也可对相关作品进行研究与评价，为下一步概念、方案设计提供具有指导意义的质性建筑设计策略。

3　质性评价与建筑设计

如何建造出更好的建筑？如何使人、建筑、环境的关系更加友好，实践告诉我们这并没有唯一的答案，但是我们可以寻找回答这个问题的更多、更好方法。与质性研究相同的是，质性评价同样注重的是人的态度、情绪、愿望、生活方式、所关心的事，以及价值观等，所以质性评价或许也会成为一把解决问题的钥匙。

建筑设计中的质性评价是指建筑师通过调研问卷或访谈等形式，全面掌握使用者对设计的态度、团队对条件的回应等情况，经过有效综合分析之后，将成果用于辅助方案选择及建筑设计。

笔者尝试性地对质性评价在建筑设计领域的应用进行初步探讨，以引起业界的关注，使得设计与评价更加科学、合理。

3.1　质性评价相关理论概述

我们的日常生活中时时处处离不开评价，不管是对某事某人的评价，还是接受别人的评价。而质性评价是最常使用的方法，虽然我们没有关注自己使用的评价方法叫什么。在我国，质性评价最早应用于教育学方面对学生的评价，近年来随着学科的交叉发展，以及全球可持续发展背景下对

"人"的关注，质性评价越来越受各学科的重视。

质性评价正在朝着主体多元化、类型多样化、标准专业化、问题体系系统化、需求多样化、过程规范化等方向发展。如果我们通过词典进行相关词的查阅，与评价相关的有"评估""评议""鉴定""评审""审查""咨询""论证""审计""监督"等。

3.1.1 理论基础

任何一次质性评价，要想达到评价过程、评价结果的科学、客观、公正，必须要清楚评价的目的（why）、对象（what）、手段（how），确定评价标准（或问题体系），这必然需要一套科学完整的理论作为基础。（表3.1）

质性评价的理论基础扎实，正如表3.1所示，在价值论、认识论、劳动价值论、计量学理论等方面，其与量化研究等区别不大，在此不做详细讨论。在比较理论、分类理论、信息论、系统论等方面，质性评价有其显著的理论特色。比较与分类是质性评价中最常用的思维，并且两者关系密切，前者是后者的基础，后者是前者的结果。比较（comparison）是一种对比各个对象，揭示它们的相同点与不同点的思维方式。分类（classification）是指根据事物不同的属性将其列入不同门类的思维方法，类是具有共同特征的集合体。

表 3.1 质性评价的理论基础

理论	相关学科	研究内容	在质性评价中的应用
价值论 认识论	哲学 价值学 科技哲学	被评对象于人类社会生存和发展的价值与意义	是质性评价活动的理论基础，为质性评价提供指导，对建筑设计的价值进行认识，揭示其社会意义
比较理论 分类理论	比较学 分类学 逻辑学	比较和分类是认识事物的基础，将不同的事物根据其属性特征分成不同的类，使其具有可比性	对质性评价体系的建构有重要的指导作用

理论	相关学科	研究内容	在质性评价中的应用
信息论 系统论	信息科学 系统科学	任何系统都可被看成是一个由多个子系统构成的有机整体，并用信息反馈和系统控制等理论对系统进行综合研究	将质性评价活动与建筑设计看成一个有机的整体和完整系统，并考察各个子系统之间的相互关系及系统与环境的关系
科学管理与 决策理论	管理科学与 工程科技 管理	运用各种管理与决策方法对对象进行充分认识，即通过评价了解其初始状态，并通过反馈信息对管理进行监控和调整	指导科学的质性评价管理与决策
信息管理 科学理论	信息管理学 信息资源 管理	任何活动过程都可被看作是一个需要大量信息并处理大量信息的管理过程；信息是一种宝贵的资源，需要管理开发利用	用于指导质性评价的信息收集、处理、存储与利用，为质性评价提供服务，如评价体系管理及评价专家管理等

来源：参考邱均平、文庭孝 等《评价学：理论·方法·实践》第 52 页改绘

3.1.2 方法类型

质性评价方法主要包括同行评议法、调查研究法、德尔菲法、案例分析法、标杆分析法等。这些方法的共同点是基于通过质性研究对评价对象做出主观评判。

①同行评议法

同行评议法是指在某一或若干领域中，基于同一评价标准，专家共同对某一事件进行评价的活动[①]。

在建筑实践中，建筑师或学生可能会遇到专家鉴定（Refereeing）、同行评价（Peer evaluation）、同行审查（Peer censorship）、价值评议（Merit review）、同行判断（Peer judgement）等术语，这都属于同行评议的范畴。同行评议包含通信评议、调查评议、会议评议、网络评议、组

---

① 同行评议法可追溯到 1416 年威尼斯共和国的专利审查，在三百多年前英国皇家学会成立之初，明确将同行评议方法应用到论文评审中。1950 年，美国国家科学基金会（NSF）成立，对当时的同行评议法进行了规范化处理，形成了几种用于项目评审的固定模式和程序。我国《国家自然科学基金项目管理规定（试行）》对同行评议的定义是：同行评议是指同行评议专家对申请项目的创新性、研究价值、研究目标、研究方案等作出独立的判断和评价。

合评议等，目前在建筑设计领域最普遍的是会议评议（多针对过程节点），根据质性评价的基本内涵，调查评议应该引起我们的重视，与项目相关的使用者是非常重要的"专家"，这也是本书关注的焦点。

②德尔菲法

德尔菲法[①]（Delphi），这是一种以匿名发表意见进行的征求专家意见的调研方法，针对某一设计或者设计中的问题进行多轮专家意见调查，专家之间没有互相讨论，只是通过与调查人员联系，通过多轮收集意见，最终汇总成基本一致的意见，作为此次评价的结果。

③案例分析法

案例分析法指对典型项目案例（正面/负面）进行回顾、剖析，分析导致项目优秀/不优秀的内因与外因，总结典型案例成功的经验与不足，对设计可能产生的影响进行预测，使设计过程更加高效。案例分析法属于质性评价方法，根据工作需要，有时也会被应用到量化评价中。

④标杆分析法

结合建筑设计实践，标杆分析法是指以某一具体指标或者某一领域或地域的优秀项目为标杆，将处于某一阶段的设计实践与这些标杆进行量化或者质性比较，分析优秀实例之所以优秀的原因，在此基础上制定本项目改进的策略，这是一个持续、往复的评价过程。

3.1.3 要素与内容

基于学术界对评价的要素"三要素说"及"四要素说"（邱均平，文庭孝，2010：P44），质性评价也不例外，如果是按照"三要素说"（秦越存，2001），其包括评价主体、评价客体及评价手段，而评价目的、评价

[①] 德尔菲法最早出现于二十世纪五十年代末，在当时，美国是用来预测"遭受原子弹轰炸后的后果"而发明的方法。美国 Rand 公司的 Helmer & Gordon 于 1964 年发表了"长远预测研究报告"，首次将德尔菲法应用于技术预测中。自此之后，德尔菲方法迅速得到了推广，作为一种质性研究方法，被运用到许多科研领域。

结果等属于非基本要素；如果按照"四要素说"（秦越存 2001；连燕华，2000；唐晓群 2003），其包括主体系统、客体系统、目标系统、参照系统。但是，无论哪一种说法，它们的基本内容和思想是相似的（图 3.1）。

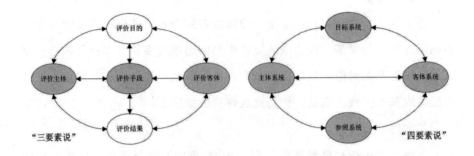

图 3.1　评价的"三要素说"与"四要素说"的比较

以"三要素说"为例，评价主体及客体一般比较明确，较为复杂的就是评价手段，其包括评价方法、技术、工具、指标体系、模型、程序等等，以及这之间相互作用。（图 3.2）

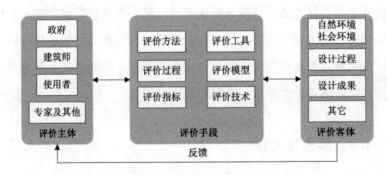

图 3.2　建筑设计中质性评价的要素系统

① 评价主体

质性评价的评价主体与组织者经常易被混淆，一般情况下，责任建筑师担任的是质性评价组织者的角色，其主要任务是对质性评价的过程进行管理，收集整理评价主体的意见并进行归纳，然后反馈给评价主体进行新一轮的评价，在当次质性评价结束时，应用反馈的评价结果指导下一步的建筑设计；评价主体是质性评价的直接评价者，其主要是对组织者提出的问题进行回答并作出评价，在建筑设计中，质性评价的评价主体最好是设计团队中的其他建筑师，也可以包括经验丰富的结构师、设备工程师、或施工负责人等，这些可以是广义的"专家"范畴。

②　评价手段

与量化评价相同的是，质性评价的手段也是由评价方法、评价工具等组成，不同点主要包括在指标体系、评价模型两个方面。

在量化评价以及综合评价中，通常需要建立评价指标体系，而对于质性评价而言，评价结果是描述性的，主要目的是为下一步的设计提供修改意见，并不是想得到一个确定的分数，其具体评价实施主要是回答问题，因此，质性评价需要在准备阶段建立"质性评价问题体系"；质性评价是往复汇聚的过程，因此其与量化评价的评价模型也是不一样的，本书将在3.2 具体讲述。

③　评价客体

质性评价的评价客体即评价对象，对于在建筑设计中的应用，评价客体主要包括建筑选址、阶段性或最终设计成果、设计团队、设计过程等。

3.1.4　质性评价与量化评价的比较

评价方法（methods）与资料（data）主要包括两种类型——质性评价与量化评价，通常情况下，量化评价方法主要会产生"硬数据"（hard numbers），而质性评价方法主要产生大量的描述性资料（descriptive data）。

随着评价研究的不断普及，总结从 C. H. Weiss（1972）的形式评价（formative evaluation）到 Patton（1990），Greene（1994）以及其它学者对评价的应用，可以发现用质性方法进行评价有着悠久的传统。直到现在，质性评价方法一直被视作研究使用者或者团体需求、新成果的检验、以及检查设计过程等最好的方法。除此之外，还会用来评价事物发生的政治、历史环境，因此，质性评价研究在研究目的、方法等方面与量化评价有显著区别。

本书 2.1.4 中，对质性研究与量化研究进行了对比，质性评价与量化评价的不同点建立在之前对比的基础之上，除了"量"与"质"的一般区别外，质性评价与量化评价还有诸如评价目的、评价方法等的不同。（表3.2）通过表可以看出：

a. 质性评价从人（使用者）的角度出发，依托人类学、社会学等有着悠久历史的研究学科，从环境中来，到环境中去，一切都是自然的过程，易于在建筑设计过程中把握使用者的需求，僵硬的实践标准在设计实践中总是会有局限，质性评价可以弥补这一缺陷；

b. 质性评价为建筑设计方法理论的发展与完善，提供了以"人-建筑-环境"的和谐关系为中心的参照，建筑设计的目标是提高建筑的整体效能，既然是整体，所以不仅仅是建筑自身，还关注包括室内环境、室外环境、人等所有主体在内的共生关系；

c. 质性评价的实施比量化评价要相对容易，尤其是在建筑设计早期，对于难以量化，但是会对未来建筑整体效能有重要影响的设计策略，可以进行相对理性、源于自然（指自然环境、社会环境等）的评价，是建筑设计过程中检验设计期望实现的最佳方式。

表 3.2　质性评价与量化评价比较

	质性评价	量化评价
方法	主观	客观
依托学科	人类学、社会学	统计学
评价目的	优化项目	检测项目
评价工具	人	测量工具
评价体系	问题体系	指标体系
评价过程	自然主义的	机械的
评价结果	描述性	数据性
资料类型	描述性信息 Descriptive data	硬数据 Hardnumbers
资料来源	观察、采访 聚焦人群（Focus Group）	测量、调查 次级资料（Secondary Data）
发生时间	事中 Process	事前/事后 Pre/Post Tests

	质性评价	量化评价
分析方法	语言性分析	数据性分析
人群数量	少量	大量/少量
关注焦点	多为 How/Why	多为 what/when/who
结果检测	效度（有效性）	信度、效度
优点	补充与改善量化数据	结果的普适性强
	发现多样的信息，解释复杂的问题	数据容易分析
	采用综合的方法收集资料	数据一致、清晰、可靠
缺点	研究结果的普适性小，视项目而定	次级资料有时不可用，或者较难获取
	较难分析，不适合标准化的策略	对于项目的背景较难理解
	资料收集消耗大量人力与物力	对较复杂的问题，数据不够有说服力

3.2 质性评价在建筑设计中的应用

评价学者认为项目质性评价的组织者应该建立一个完整的概念框架，这个框架可以有效地引导质性评价，包括收集什么样的信息，采访什么样的人，问什么样的问题等。前文提到了较多的质性评价方法，下文以 Delphi 为例，结合建筑设计实践进行说明。

3.2.1 传统 Delphi 的实施过程模式

Delphi 除了有同行评议的优点，还可避免专家意见的互相影响。其缺点是周期可能会比较长，但是随着计算机网络的发展，这一点逐渐得到优化。需要说明的是，德尔菲法的过程并不是僵化不变的，咨询的轮次可以适度调整，由于建筑设计相关的学科越来越复杂，有时会降低匿名性的要求，可以适度公开专家的领域。在反馈过程中，也可以对专家的意见进行选择性反馈。（图 3.3）

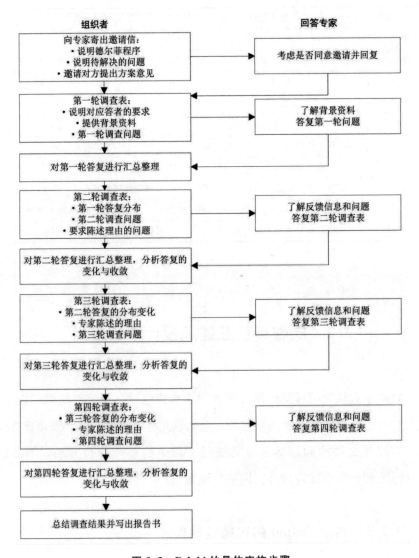

图 3.3 Delphi 的具体实施步骤

来源：邱均平 文庭孝等《评价学》，P163

3.2.2 基于 Delphi 的质性评价在建筑设计中的应用程序

根据建筑设计的过程特点，质性评价的程序可以总结为：确定评价问题；评价过程设计；建立质性评价问题体系；评价主体评价；信息收集与

转译；评价结果的分析与检验。（图 3.4）

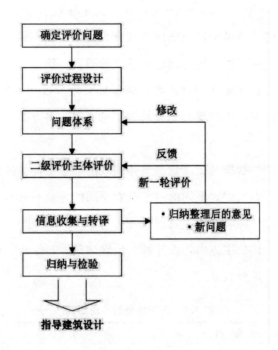

图 3.4　基于 Delphi 的质性评价在建筑设计中的应用程序

①确定评价问题

与量化评价相比，质性评价在最初时刻会考虑很多关于时间、物力、人力、财力等的限制。通常情况下，质性评价是由组织者提出评价问题——"评价的问题及目的是什么"，组织者在确定评价问题方面起重要作用，这会为问题体系的建立奠定基础。有些时候，在质性评价之前可能已经进行过简单量化评价，通过量化评价可能会对通过指标明确要求给予初步评价，通过质性评价可以进一步检查项目发展的过程，抽出通过量化评价无法检查出来的问题。通过质性评价对项目产生的来龙去脉、以及接下来的发展方向进行深入的描述。

②评价过程设计

质性评价过程的设计包括确定评价流程、评价主体等。其中评价主体的确定是过程设计的重点，通常情况下，评价主体是一个团队，团队的规模及构成视情况而定，质性评价的团队成员是半透明的，由组织者确定团队成员。根据 Miles&Huberman（1994）关于质性评价的理论，组织者是对评价主体的评价结果进行横向比较分析、并反馈；评价主体是对项目进行直接评价，回答质性评价问题体系中的问题。质性研究中的资料收集方法可以广泛应用于质性评价过程，在研究设计阶段，即使在非常散乱、没有头绪的情况下，也需要阅读大量的信息资源，多方面对比、分析，确立评价过程。

评价的目的一般即是提高建筑整体的效能，整个评价过程是一个有机的系统，在这个系统中，不同的角色有着不同的价值目标体现（表3.3）。组织者可以是设计师、业主、其他委托方等，是"人-建筑-环境"整体价值目标的代言，评价主体中，设计师（包含建筑师、结构师、设备工程师等）的角色尤为重要。

表 3.3　不同角色的价值目标

评价主体级别	评价主体身份	价值目标
组织者	评价的组织者	"人-建筑-环境"整体价值目标
评价主体	使用者	以自我为中心，寻求个人生存、享受、发展的条件或机会
	设计师	满足各方面的需求，平衡矛盾，实现个人的理想，创造价值
	政府	满足政治、经济、文化等的可持续发展，效益最大化
	开发商	以市场需求为导向，实现经济效益最大化

确定评价主体是质性评价的关键（图3.5），直接影响下一步设计：首先要根据项目背景，把握项目多方面需求、条件，以及特殊的限制，据此初步设定选择标准；然后根据选择标准初步选择评价主体，在此要了解评价主体选择对象的特长、影响力，以及评价主体各成员间的关系、数量；最后要根据评价主体选择对象及选择标准综合排序，然后选择最合适的评价主体团队。

③建立质性评价问题体系

可持续建筑设计中质性评价问题体系建立的详细过程将在本书3.3部分深入地阐述，在此需要强调的是，"德尔菲法"的循环性特点比较明显，

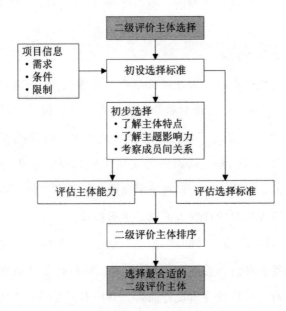

图 3.5 评价主体的选择过程

可能会根据情况多次进行，可以根据评价的进展以及意见汇聚的情况，调整问题体系，对于某些评价主体提出的新问题可以考虑予以添加。

④ 评价主体评价

评价主体虽然是建筑效能的代言，但是根据质性评价的特点，其评价还是会有很大程度个人价值观的体现，建筑未来的使用者会以自我为中心，希望建筑师能综合考虑其生活习惯及习俗，寻求个人生存、享受、发展的条件或机会；建筑师一方面是为了满足各方面的需求，平衡矛盾，另一方面也会考虑实现个人理想；政府是一个协调者，要满足城市的政治、经济、文化等多方面的整体发展，达到效益的最大化；而开发商一般会以市场需求为导向，根据营销策略选择更优秀的设计。

⑤信息收集与转译

质性评价过程中，信息的收集是评价主体意见的收集。在第一轮评价中，质性评价项目所收集到的意见都是比较广的，像沙漏一样，逐渐将问题集中。由于组织者受时间等限制，问卷的形式随着信息网络的迅速发展得到了一定程度的应用，当处于某个设计中间阶段时，以采访的形式进行阶段性质性评价也是经常用到的。根据评价反馈的快慢，信息的转译也可以较早进行。

⑥评价结果分析与检验

与质性研究相似，对于质性评价结果的检验也通过有效性检验进行，Maxwell（2002）从五个方面对质性评价的有效性进行了总结，并与量化评价进行了对比：描述的有效性、解释的有效性、假设的有效性、一致性、可评价性等。Maxwell 认识论的立场是批判现实主义（critical real-ism），也就是说，他认为，人们对于事物的认知是存在的，但是不能直接指导现实，所以需要对质性评价的结果进行检验。

Miles and Huberman（1994）曾经总结了 13 个要点检查质性评价结果，以增强其可靠性。尽管这 13 个要点通过互补的手段提高质性评价结果的有效性，对于可持续建筑设计而言，其中有两点是非常实用的：

· 对资料来源进行三角检证[①]
· 从被调查者处获得反馈[②]

三角检证的方法在前文已经有所讲述（本书 2.2.2－④）。建筑师面临的最大挑战就是确定结果的有效性，如果将有效性不高的意见反馈到建筑设计中，将直接影响未来建筑效能，因此提高建筑师对问题体系的控制力以及评价主体对问题的态度，可以提高质性评价的有效性。

3.2.3 质性评价在建筑设计中的角色与特点

① 角色

在建筑设计过程中会遇到形形色色的问题，与量化评价相比，质性评价担任的角色主要包括出现矛盾时的决策者、遇到瓶颈时的引导者、设计项目顺利进行的协调者。质性评价是建筑设计过程中初期评价的重要主体，

---

① 将质性研究的数据和评价中其他的数据资源进行比较。
② 总结他们所提供的建议，通过询问查看他们的观点与得出的结论是否一致。

其角色定位将直接影响评价的效果，进而影响建筑效能，是完成一个优秀项目的重要影响因素，质性评价服务整个建筑设计过程，并推动设计发展。

a. 决策者

设计出高效能建筑是一个复杂的系统过程，多种因素交织在一起，会形成许多矛盾与冲突。质性评价的介入，可以帮助建筑师权衡多方面的需求，追求较高效能的建筑。

b. 引导者

当建筑设计进行到一定阶段时，建筑师经常会遇到推进的瓶颈，进行阶段性的质性评价有助于项目的推进，通过质性评价，可以收集到来自多方面专家的意见，对意见多次收集并分析归纳，可以引导建筑设计向更高效能方向发展。

c. 协调者

设计过程也是建筑师在追求"以更少获得更多"的过程，在设计过程中，建筑师会发现有很多种方法可以提高建筑的节能水平及舒适度，但是可能会带来投入的增加，除了采取量化评价之外，质性评价也尤为重要，通过专家意见反馈，可以粗略预测未来的节能发展方向，协调投入与效益的关系。

② 特点

a. 主观性

主观性是质性评价与量化评价的最本质区别，其主要是发挥人的主观能动性，是评价主体价值观的具体体现，也是评价主体的经验总结。

b. 反馈性

质性评价伴随整个建筑设计过程多次发生，可以通过各方面意见，了解其他专家的在同一问题上同意或反对的理由，在参考之后做出进一步判断，并指导建筑设计的优化，经过多轮之后，各方面的意见会逐渐收敛，意见趋于一致。

c. 自然主义

自然主义特性是指，在评价的整个过程中使用自然的语言，质性评价不可能是完美的，就像前文提到的质性研究何时终止一样，质性评价也是一个随着项目自然发展的过程，根据项目时间、进度发展的要求不断推进。

综上，由于质性评价有主观性、自然主义等特点，评价问题源于使用者、环境，但是由于建筑学基本知识的缺乏会产生建筑师难以理解的评价结果，由于质性评价又具有反馈性，通过多次循环，质性评价可以得到可靠性较高的评价结果。

3.3　建筑设计中的质性评价问题体系

Royce 等（2001）列举了很多评价中可以应用的评价问题，其中很多问题是需要通过质性评价方法进行解决的。例如，使用者或者团体成员的需求是什么？他们怎么看待自己所处的环境？这些环境对服务设施有什么影响？一项服务是怎么被执行的？在执行过程中出现了什么问题？使用者或者其他相关人员对目前正在进行的项目、设计或者设计师的态度如何？如果这个设计真的实现了，使用者的观念会有什么样的变化？有哪些意想不到的影响？这个设计可以通过什么样的方式改进？需要评价的问题不止这些，还需要研究人员进一步挖掘。

3.3.1　建立背景

2012 年 11 月 8 日，胡锦涛同志在党的十八大报告中提出，大力推进生态文明建设。"面对资源约束趋紧、环境污染严重、生态系统退化的严峻形势，必须树立尊重自然、顺应自然、保护自然的生态文明理念，把生态文明建设放在突出地位，融入经济建设、政治建设、文化建设、社会建设各方面和全过程，努力建设美丽中国，实现中华民族永续发展。"

2008 年初，绿标办组织成立了绿建委（即绿色建筑月与节能委员会），最初只包括规划与建筑、建筑、暖通、电气、给排水、建筑材料、建筑物理等 7 个专业学组，直到目前学组已经发展成为 14 个，包括绿色房地产、绿色建筑规划和设计、绿色建筑理论与实践、绿色人文、绿色产业、绿色智能、绿色建筑技术、绿色建筑结构、绿色建材、绿色施工、绿色公共建筑、绿色工业建筑等（邹燕青，2010）。通过绿建委单独成立绿色建筑理论与实践学组，可以看出绿建委对发展绿色建筑理论的关注及其重要性。

图 3.6　深圳建筑科学研究院办公大楼（2011.11.13）

图片说明：由于深圳夏季炎热，组织合理的通风对营造舒适的办公环境、降低制冷耗能非常重要，对人与环境的综合考虑从策划到建成贯穿全程。左图为 7 层的中庭，从体验上来讲，极为舒适，从节能少来讲，减少了主动设备的应用；右图为全景透视，从造型和立面上可以看出非常注重建筑造型与风环境营造、提高人体舒适之间的关系。

我们经常会看到这样的画面，在很多较冷的地区，许多校舍、家庭没有暖气或者空调，而在没有空调的炎热地区，将风扇开启也很难解决炎热。中国的气候特征差异较大，不同的气候条件下，人们对生活的需求也不同。（图 3.6）

根据建设部与国家质量监督检验检疫局 2006 年联合发布的《绿色建

筑评价标准》中绿色建筑的定义，其包含三个方面的含义：节约资源、保护环境、减少污染；提供健康、适用、高效的使用空间；与自然和谐相处①。（表3.4）这是对"人-建筑-环境"关系的完整表达，也是本书建立质性评价问题体系的依据。

表 3.4 中国绿色建筑评价标准结构分析（以住宅建筑为例）

一级评价项目	二级评价项目归类	具体二级评价项目
4.1 节地与室外环境	人	控制项：2、3、4、5、6、7、8 一般项：9、11、12、13、15
	建筑	控制项：4 一般项：9、10、13 优选项：17
	环境	控制项：1、2、4、6、7、8 一般项：11、12、13、14、16 优选项：18
	经济	控制项：3、5 一般项：10 优选项：17
4.2 节能与能源利用	人	控制项：3 一般项：4
	建筑	一般项：4
	环境	一般项：4
	经济	控制项：1、2、3 一般项：5、6、7、8、9 优选项：10、11
4.3 节水与水资源利用	人	控制项：5
	建筑	控制项：无
	环境	控制项：5 一般项：6
	经济	控制项：1、2、3、4 一般项：7、8、9、10、11 优选项：12

---

① 自 2015 年 1 月 1 日起实施了新的国家标准《绿色建筑评价标准》（GB/T50378－2014），建筑师可根据标准的修改调整项目所需的"质性问题体系"。本书仅提供方法层面的参考。

一级评价项目	二级评价项目归类	具体二级评价项目
4.4 节材与材料资源利用	人	控制项：1
	建筑	控制项：1、2 一般项：5、7、8、9 优选项：10、11
	环境	一般项：4、6 优选项：10
	经济	控制项：2 一般项：3、6、7、9 优选项：10、11
4.5 室内环境质量	人	控制项：1、2、3、4、5 一般项：6、8、9、10、11 优选项：12
	建筑	控制项：1、2、3、4 一般项：6
	环境	控制项：2、3、4、5 一般项：7、8、10、11 优选项：12
	经济	一般项：9
4.6 运营管理	人	控制项：6 一般项：9
	建筑	一般项：11
	环境	控制项：1、3、4 一般项：5、7、8、10 优选项：12
	经济	控制项：3

来源：根据《绿色建筑评价标准》（GB/T 50378—2006）绘制

综上，建筑设计仅通过指标进行量化评价是不够的，尽管体系中有"定性"的要素，还需用发展的眼光看问题，过程中适时评价，针对新设计挖掘新的问题。

3.3.2　构建过程

通过梳理建筑设计过程中的质性要素、质性研究并确立问题体系要素等关键步骤对建筑设计过程中的质性评价问题体系进行了理性建构（图3.7）。

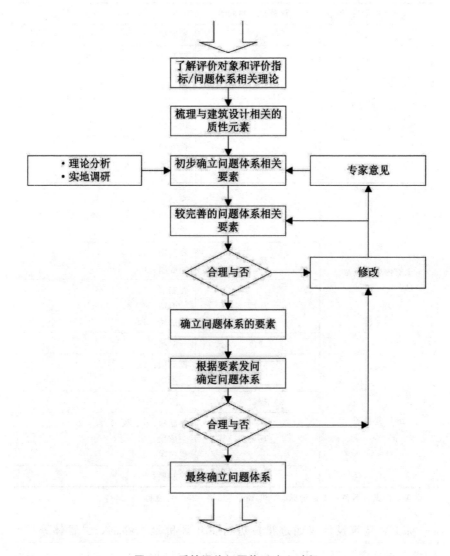

图 3.7　质性评价问题体系建立过程

① 梳理建筑设计中的质性要素

清晰地认识人、建筑、环境的深层含义及要素构成对建筑设计具有重要意义。尝试将建筑、环境相关的质性基本要素进行了组织（表 3.5），旨在探索新的设计方法，为建筑设计理论注入一滴新的血液。

表 3.5 建筑设计相关的质性要素

类型	要素	回应者/评价者	工作性质
人	习俗	使用者、建筑师、政府、民俗专家	建筑创作
	生活习惯	使用者	建筑创作
	审美	使用者、建筑师、地产商、政府	建筑创作
建筑	空间 （适应性、安全性等）	使用者、建筑师、政府	建筑创作技术设计
	形式	使用者、建筑师、地产商、政府	建筑创作
	结构	建筑师、结构工程师、设备工程师	建筑创作 技术设计
	设备	建筑师、结构工程师、设备工程师	技术设计
	其他被动式设计策略	建筑师、结构工程师、设备工程师	建筑创作 技术设计
环境	大气、噪声、光污染	建筑师、政府、环境影响评价工程师	建筑设计 技术设计
	主动式设备的应用	建筑师、设备工程师、 环境影响评价工程师	建筑设计 技术设计
	生态保护	建筑师、政府、环境影响评价工程师	建筑设计 技术设计
经济	外部空间布局	建筑师、政府、其他专家	建筑设计
	建筑	建筑师、政府、其他专家	建筑设计 技术设计
	结构	建筑师、结构工程师、其他专家	建筑设计 技术设计
	设备	建筑师、设备工程师、其他专家	建筑设计 技术设计

注：建筑设计的相关要素并不只包括表中列出的项目，要根据不同的实际工程调整列表

② 确立建筑设计中质性评价问题体系要素

建筑设计过程中的质性要素有很多，以上表格中列出的只是冰山一角，要根据具体的项目进行质性研究，挖掘新的质性要素。

挖掘新的质性要素的过程即是前文阐述的质性研究的过程，通过文献查阅、现场调查等确立初步确立问题体系相关要素，听取专家意见对相关要素进行完善，检验合理之后，确立问题体系要素。

③ 根据要素发问并确立问题体系

根据要素提出问题是对项目进行质性评价的关键步骤，要素可能确立了很多，但是作为组织者要根据项目的实际情况，并且便于操作，提供效率，需确立较为主要的 8-10 个问题（可根据实际情况调整），这些问题要以引导建筑师为目标，综合考虑人-建筑-环境和谐关系。

3.3.3 具体内容

质性评价问题体系是在具体的建筑设计过程中逐渐形成的，因此，在脱离实际的情况下进行说明不利于初学者的理解。

为了较清晰的表达，必须在实际的工程项目中实践才较有说服力，本书将在 3.4 和 5.4 中结合参与的设计实践进行详细说明。建筑设计的质性评价问题体系是对"人-建筑-环境"关系的细致表达与回应，要素层与问题层是其核心部分。搞清楚问题的类型对于设计过程中问题的提出有一定的指导意义，问题的类型主要包括理想型、假设型、挑战型、解释型，在此结合建筑学专业实践中的术语将问题层与问题的类型进行举例说明，以方便理解（表 3.6）。

表 3.6 质性评价问题体系问题层中的问题类型举例

要素层	问题层	问题类型
生活习惯	你理想中的阳台是什么样子的？	理想型
空间	假如在未来的建筑中设置庭院，它可能会使什么样子？	假设型
形式	有些人认为在建筑中设置的庭院应该是圆的，你怎么看？	挑战型
污染	你认为建筑采用玻璃幕墙不符合你原本的期待吗？	解释型

3.3.4 主要特点

①清晰凝练

建筑设计过程中需要关注的问题很多，而且很复杂，不仅包括质的问题、量的问题，还有一些无法明确质或量的综合性问题，通过质性评价问题体系的建立，将人们关注的问题进行分类整理，使问题清晰凝练，通过对问题的不断提出与解决指导建筑设计。

②真实自然

建筑设计的质性评价问题体系是在真实项目中的设计过程中逐渐形成的，它是建立在真实自然的环境中，自然环境与社会环境都是真实的，多方面的专家、设计团队成员通过基础质性研究，扎根环境，对与设计相关的知识进行观察与访问，并通过文献查阅、案例比较等归纳出与人、建筑、环境密切相关的问题。

③层次有序

做事有先后，解决问题也有主次之分，面对建筑设计中如此多的问题，分层、分阶段解决是非常必要的，需要设计团队成员能够针对不同的项目实践对问题进行分层，基于德尔菲法多轮评价，选择相对较优的方案及设计策略进行推进。

以上三点基本都属于优点，当然其也存在完整性有待提高、对组织者存在依赖性等，这些都需要在实践中不断调整与改进。

3.4　实例：某商务办公综合楼概念设计方案的质性评价

下面结合参与的实际项目——某商务办公综合楼概念设计[①]对基于Delphi 的质性评价在建筑设计中的基本应用程序的进一步说明。

3.4.1　质性评价背景

在运用基础质性研究方法对设计的需求与条件等进行了分析之后，设

---

① 项目的基本概况在本书 2.3.1 中已进行了说明，在此不做赘述。

计团队结合基础质性研究成果从不同的角度进行了概念设计（图 3.8），在团队负责人褚冬竹的指导下组织进行了此次质性评价，旨在对 5 概念方案进行描述（图 3.9），并作出综合评价，将一个相对优秀的概念方案呈现给业主及使用者。

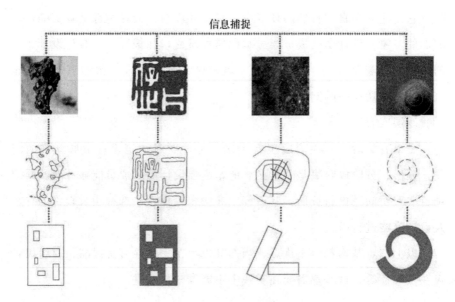

图 3.8 某商务办公综合楼概念设计的角度

来源：Lab. C. [Architecture] 建筑设计工作室

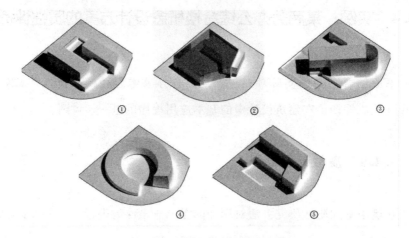

图 3.9 五个概念设计方案简图

3.4.2　质性评价过程

①确定评价问题及评价过程设计

本次质性评价的目的是指导选择一个效能较高的方案，其结果可能是基于某一个设计方案，其它方案中优秀的部分可以借鉴到相对优秀的方案中。在工业设计中，可以做好一个产品，供使用者评价（一般情况下这种评价属于质性评价，即使会涉及一些关于数据方面的问题），但是，建筑不能等建造完成一座之后再进行评价，这属于建成环境评价[①]，要提高建筑的整体效能，在设计过程中进行评价是非常必要的。建筑未来的使用者大多数没有建筑学专业素养，那该如何基于使用者进行评价？笔者进行了尝试，通过设计团队成员进行质性评价，这要求团队成员最好在三名以上，团队成员作为建筑整体价值体现的代言，本项目确定了 4 名评价主体。

②建立质性评价问题体系

建筑设计过程中质性评价问题体系是在基础质性研究成果的基础上发展起来的。本项目的质性评价问题体系是在质性研究的基础上，参考（中国）绿色建筑评价标准、褚冬竹博士论文中表 4.3"质与量特性的划分"，结合其中的"质性"部分，形成本质性评价问题体系（表 3.7）。

表 3.7　某商务办公综合楼概念设计质性评价问题体系

类型	要素层	问题层
研究 (1)	——	1.1 你是否参与了项目概念设计之前的质性研究？参与了哪一部分的资料收集？如何收集的？
		1.2 你对办公楼以及 5 个方案了解多少？你对 5 个方案是如何生成的是否非常了解？

---

① 建成环境评价，即使用后评价（POE）对设计过程中评价有重要的指导意义，能为设计过程中评价提供参考，本书不作详细探讨。

类型	要素层	问题层
人 (2)	使用者	2.1 每个方案的室内舒适程度如何?
	业主	2.2 每个方案对企业文化的体现情况如何? 根据以往设计经验,各方案的经济性如何?
	政府	2.3 每个方案中具有示范性的设计策略有哪些?
	建筑师	2.4 能否感觉到每个方案设计师的设计思路,如何?
建筑 (3)	空间与功能	3.1 每个方案的室内外交通组织是否合理? 有何调整的建议?
	视觉状态与地域文化传承	3.2 每个方案的建筑风格是否符合所处环境?
	技术	3.3 每个方案都应该用了那些合理的被动式建筑设计策略?
环境 (4)	用地外环境	4.1 每个方案对城市主导风向和自然采光条件的利用情况如何? 4.2 每个方案在噪声回避方面做了哪些考虑?
	资源与材料	4.3 每个方案有没有考虑低环境负荷材料的应用?
	基地环境	4.4 对场地内生物环境的维持有何考虑?
评价 (5)	——	5.1 你觉得哪些方案比较适合发展? 它(们)的优点是什么?
	——	5.2 你觉得哪些方案不适合发展? 它(们)的缺点是什么? 有没有调整的建议?
	——	5.3 你对整个项目的推进优化,有什么样的建议? 如果让你重新设计一个方案,你会做出什么样的改变?
	——	5.4 除了这五个方案中所应用的适宜性策略,还有没有其它的? 5.5 还有没有其它意见?

③信息收集与转译

首先,该环节的关键是选择的 4 位评价主体对问题的描述,然后通过 NVivo 软件对反馈信息的管理与转译,方法与本书 2.3 中的应用基本一致,在此不作赘述。由于时间有限,本书基于 Delphi 法进行了 3 次质性评价与反馈。(附录 A[①])

④评价结果分析与检验

通过 NVivo 的编码、建立节点、建模等,发现每个方案的优点与缺点、以及缺点的改进措施。(图 3.10)对于效度检验,一方面通过 NVivo 进行了检验,另一方面反馈给设计方案的设计师、业主检查是否一致,结

---

① 该次质性评价包括 4 份资料来源,本书附一份供读者参考。

果表明有效。

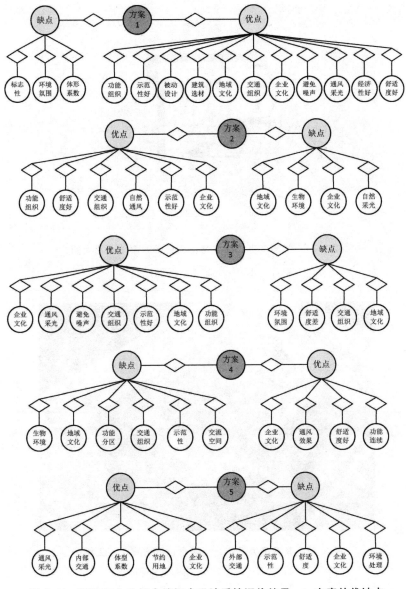

图 3.10 某商务办公综合楼概念设计质性评价结果——方案的优缺点

⑤选择

最终，辅以量化评价，结合五个方案的技术经济指标（表3.8），最终选择了基于方案1进一步深化（图3.11，图3.12）。

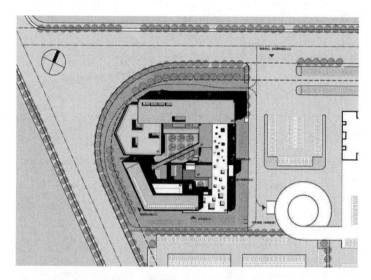

图 3.11 某商务办公综合楼概念设计方案 1 总平面图

来源：Lab. C. [Architecture] 建筑设计工作室

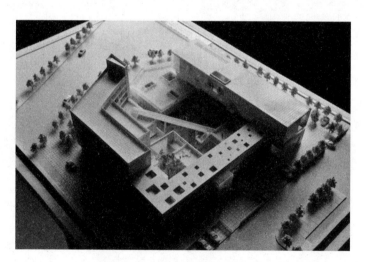

图 3.12 某商务办公综合楼概念设计方案 1 手工模型

来源：Lab. C. [Architecture] 建筑设计工作室

以问题的形式进行评价是质性评价的特色，也是设计过程中不可缺少的一部分，仅通过量化评价以及大多数建筑师或学生应用的所谓"定性评价"是远远不够的，因为人类、社会在发展，建筑所处的环境也在发展，研究动态的设计不能用静态的方法，要在每次设计中深入"田野"，挖掘问题，通过提出问题推进设计。

表 3.8 五个方案的技术经济指标

	方案 1	方案 2	方案 3	方案 4	方案 5
总建筑面积（m²）	8700	8700	8800	8900	8200
占地面积（m²）	3500	3500	2300	3500	3200
办公（m²）	3500	3700	2600	2800	3300
商务酒店（m²）	2000（50 套）	2000（50 套）	2600（64 套）	2600（70 套）	2000（50 套）
驾驶员公寓（m²）	800（20 套）	800（20 套）	1200（30 套）	2300（40 套）	800（20 套）
食品检验（m²）	2200	2000	1600	1000	1900
银行储蓄（m²）	200	200	150	200	200
其他（m²）	—	—	650	—	—

4 建筑设计过程中质性评价方法模型

建筑设计过程是一个生成与评价交互推进的过程。在过去的几十年里出现了大量的建成（建筑）环境评价工具及方法，很多方法综合了多方面的影响因子，以数据的形式汇集各方面资料做出单独的性能评价。如，中国的绿色建筑评价体系、美国的 LEED 评价体系以及日本的 CASEEBEE 评价体系等，但是这些标准对环境影响的考虑、评价手段、过程以及最终结果的呈现方式就有所不同。

建筑设计过程中的评价之所以受到建筑师、建筑设计及其理论研究学者、政府部门等的日益关注，很重要的一个原因是认识到在设计过程中对效能的评价和分级是推动建筑效能达到更高水平的有效方法。建筑师已经意识到如果希望有效提高建筑效能，至少应该清楚在市场经济条件下满足需求才是决定因素，而这依赖于开发商、使用者（业主）等参与相对简单的确定建筑效能等级的方法，设计过程中质性评价就是极佳的选择。

4.1 基础原理概述

如果按照评价的时间进行分类，可以将评价分为前瞻性评价、过程中评价、总结性评价、追踪评价等，也可以说即时评价、实时评价、终期评价等（邱均平，文庭孝，2010）。本书是将质性评价融入设计过程之中，属于过程中评价的范畴。

英国普利茅斯大学 Broadbent（1988）教授将建筑设计过程分为五个主要阶段（Geoffrey Broadbent，1988）：分析、综合、评价、选择、表达（图 4.1）。

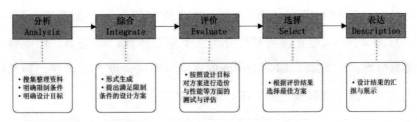

图 4.1　Broadbent 对设计过程的划分

来源：根据 Broadbent 的理论自绘

Broadbent 所提出的过程中，对分析与评价的阐述较为笼统，对于分析而言，只是明确了任务是搜集资料、明确限制条件等，但是如何搜集资料、如何从搜集的资料中明确设计的条件及多方面的需求，在方案阶段，如何快速、有效地进行评价是提高设计效率与设计质量的关键。

质性评价本来就存在于设计过程之中，只是建筑师没有去系统地像其他学科学习并应用，随着多学科的交叉发展与影响，将质性评价从建筑设计过程中析出单独分析，再将其介入建筑设计过程，这是对当代建筑设计方法发展的新要求，将有助于建筑师更好地理解设计过程，从事建筑设计活动。

4.1.1　设计过程的意义

① 几种经典设计过程模型的比较

在讨论设计过程的发展时，必然要涉及 20 世纪 60 年代开始的现代设计方法运动，其标志是 1962 年在伦敦皇家学院召开的设计方法大会。在 50 年代，当时的社会面临很多问题需要解决，迫切需要技术创新，出现了运筹学、决策学等学科，加之 60 年代计算机程序的出现，促使了设计研究的萌芽。

a. 佩奇（Page）、大维斯托克（Tavistock）、阿切尔（Archer）、米沙洛维奇（Mesarovic）

在 1962 年的设计方法大会上，Page 关于设计过程的描述在现代设计方法中得到了广泛认可，他将设计过程表述为三个阶段："分析——综合——评价"，他认为设计过程是这三个阶段的反复循环，把可能的决策有机地组成一种结构化的有次序的方法（勃罗德彭特，张韦译，1990：P260）；Tavistock 也把决策顺序分为三个主要步骤：a. 分析，即资料的收集与分类；b. 综合，即制定可能的解决方案或假设；c. 评价，即选择解决方案（勃罗德彭特，张韦译，1990：P273）（表 4.1）。

表 4.1　Tavistock 的提出的决策顺序

决策顺序	设计过程	施工组织
分析	资料的收集与分类	施工承包商确定哪条路走得通
综合	制定可能的解决方案或假设	从几个方法中选择一条
评价	选择解决方案	用施工图来说明所选定的施工方案

来源：《建筑设计与人文科学》（勃罗德彭特，张韦 译，1990：273）

自 1962 年以来，很多学者花费了大量精力，试图把设计过程各阶段与决策顺序各阶段等量齐观，其中比较著名的如阿切尔（Archer，1963）和米沙洛维奇（Mesarovic，1963，1964）的方法（图 4.2）并且琼斯（Jones）在其著作《Design Method Compared，Strategies》（1966）中也讲述了很多当时比较先进的方法。

b. 保罗·拉索

保罗·拉索在其《图解思考》（保罗·拉索，邱贤丰，刘宇光，郭建青译，2002：P180）中指出，建筑实践一般包括下列步骤：明确工程设计任务书、（概念）方案设计、初步设计、扩初设计、施工图设计、加工图设计、施工。设计师要在每一步采取有效的措施解决问题。在这方面，有很多好的设计模式，胡越从中总结的五步模式较为经典（胡越.2012：P25）：a. 明确设计问题，并进行分析，明确研究目的；b. 发展方案设计，建筑师比较方案解决方法，形成多种方案；c. 评价设计，评价标准

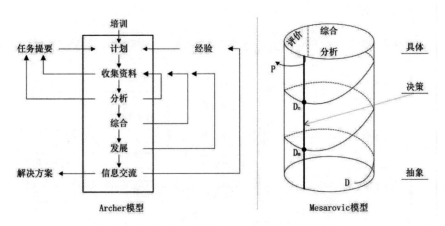

图 4.2 Archer 与 Mesarovic 的设计过程模型

来源：根据 Broadbent 的《建筑设计与人文科学》261—262 内容绘制

要以设计目标为基础，按照设计标准对多方案进行比较、评价；d. 选择，这取决于评价结果，从多方案中选择一个最优方案，如果没有特别精彩的方案，可以从两个方案中选择不同的优点进行组合，无论如何，选定的方案都要参考其他方案中的优点；e. 交流，对方案进行进一步说明，以进入下一阶段的设计。

c. 勃罗德彭特

英国学者 G·勃罗德彭特的著作《建筑设计与人文科学》是一部系统介绍设计方法的书，详细介绍了西方设计方法的几个重要流派。其中有一组鲜明的对比引人注意：

一是英国 Strathclyde（斯特拉斯克莱德）大学的建筑性能研究室（Building Performance Research Unit）提出的把一些有关建筑主体构成以及人们对建筑主体构成的要求划分到四种系统中，即建筑系统、环境系统、活动/行为系统、组织目的系统（图 4.3），马库斯（Markus）在 1967 年朴茨茅斯学术研讨会上对此做了详细介绍；二是英国 New Castle（纽卡斯尔）大学的 Hardy 和 O'Sullivan 采用经验主义的方法，提出另一种系统构成格式，即对使用中的房屋进行物理测定，由此出发把建筑看成是气候调节器，看成是外部环境和内部使用者之间的"过滤器"（Hardy，

O'Sullivan，1967）。

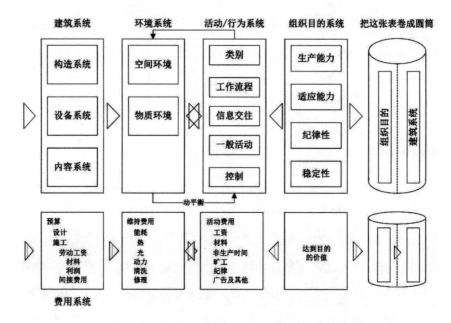

图 4.3　建筑性能研究室对使用中的建筑进行评价的设想模型

来源：根据 Broadbent 的《建筑设计与人文科学》390 内容绘制，Broadbent 引自 Markus（1970）

说明：该模型包括建筑/环境/活动/组织四个系统并描绘其间的相互作用，当把此表卷成圆筒时，建筑系统与组织之间也相互作用，此表下方的是费用/价值系统。

　　而勃罗德彭特在上述两者的基础之上，将最原始的建筑应对不利气候条件中的"气候"推广为文化气候、社会气候、政治气候、经济气候、审美气候，将原始的"舒适"提高到了更加舒适的标准，建筑设计中需要三种资料，即"房屋内的活动场地及其气候，以及协调这两个方面的建筑技术"，这也即是本书多次强调的人、环境、建筑，勃罗德彭特当时也指出这三大系统可更进一步的结合（表 4.2）。Markus 将建筑系统、环境系统、人的系统分别进一步划分为文化方面的文脉与物质方面的脉理、建筑技术与内部气候、使用者的需求与业主的目标（即需求），表 4.2 为其对人、建筑、环境三大系统之间相互关系的设想模型，人的系统希望在某一地点从事某些活动，如果环境系统与人的活动不相容，则把建筑作为协调矛盾的系统来设计，这对本书有着非常重要的启示。

还有一点需要指出的是，如果考虑了人、建筑、环境三大系统，其下的子系统以及彼此间的关系则较为灵活，则考虑问题的先后顺序关系并不大，没必要把设计过程限制死在一个顺序内。勃罗德彭特将设计过程大致总结为"从使用者的要求开始，进入具体脉络，再用建筑技术协调人与环境的矛盾，使建筑成为一个人与环境之间可以接受的过滤器"，并且他也指出这并不是唯一途径，也可以从建筑技术开始。

总之，勃罗德彭特提出的这些全面思考问题的方法可以帮助建筑师更全面地思考问题，甚至可以使我们"免于陷入过分重视量化因素"，而不重视质性因素的危险之中。

表 4.2 建筑设计中的交互关系

环境系统		建筑系统		人的系统	
文化方面	物质方面	建筑技术	内部需求	使用者需求	业主目标
社会的	场地情况	该下述几个方面改造外部环境，提供合适的气候条件	按下述提供具体条件，以利活动	按下述要求提供合适的活动	按下述回收投资
政治的	物质特征				
经济的	气候的				
科学的	地质的				
技术的	地形的				
历史的	其他约束				
美学的	土地利用	资源可用		机体方面	保险
宗教的	原有建筑	资金		饥渴	信誉
	建筑形式	材料		呼吸	利润
	交通型式	人工/设备		排泄	
	法规限制	结构系统	结构体量	作业	扩建
		体的	可见面	休息	改建
		面的	围合空间	空间方面	
		框架的		功能的	
		空间区划		用地的	幸福和活力
		体的		场所位置	
		面的		静态的	
		框架的		动态的	

环境系统	建筑系统		人的系统	
	设备系统	感官环境	感官方面	
	环境	采光	视 & 听	
	通信	热工/通风	冷热	
	交通运输	声学控制	嗅	
	安装系统		运动	
	陈设		平衡	
	设备安装		社会方面	
			私密 & 交往	

来源：根据 Broadbent 的《建筑设计与人文科学》390 内容绘制，Broadbent 引自 Markus（1970）

② 建筑设计过程的"三要素"

曾经有学者总结了建筑设计过程中涉及的三要素：人、时间、空间（田利，2005）。人是设计过程的主体因素，对设计过程起着决定性作用，建筑师是"人"的主要内容（还包括使用者等），其设计思维及表现出来的设计行为形成了设计发展的主轴，其决策顺序、工作进程又表现出在时间与空间上的交替。

结合上文讨论的经典的设计过程模型，沿着建筑设计过程相关的三要素"人、时间、空间"顺藤摸瓜，基于时代背景对建筑设计的新要求，可以总结出建筑设计过程模型的三要素：研究、综合、评价。其中研究与评价分别包括质性与量化两类，在不同的设计阶段质性与量化所起到的角色及所占的比重有所不同。本书探讨主要是方案阶段的质性研究与质性评价，因为在这个设计阶段中，相比量化评价，质性评价起主导作用。

③ 意义：过程的力量

"认识过程的力量，是探索可持续建筑设计理论与方法的整个行动地图。"（褚冬竹，2012）。作为一名建筑学专业的在读博士研究生，由于经历的实际项目有限，对完整的、广义的设计过程的体会还不够深刻，但是通过几年的理论研究，参与的玉溪市城市规划展览馆、中国移动办公综合楼（玉溪）、银犁商务办公综合楼、广阳岛邮轮母港码头客运大楼（下文将介绍)、川南幼儿师范高等专科学校(筹)校园规划及单体建筑设计等项目,对方案阶段的设计过程有了比较深刻的体会,也认识到了将"设计过程方法模型"作为一种设计工具进行研究的重要性。就像汽车工业生产线中某一技术的提高能够带来无限的价值,"设计过程"的改进将为建筑及设计的发展贡献无限的力量。

4.1.2 建筑设计过程中质性评价的析出与介入

① 质性评价的析出

虽然在有些学者的方法论模型中没有出现"评价"二字,但是评价思维还是一直存在其脑海中。通过上文的分析,几乎每个设计方法模型中都存在"评价"这一关键环节。从质与量的角度来看,评价主要分质性评价与量化评价,两者在设计中交互推进,在不同的设计阶段担任的角色不同。

质性评价在建筑设计过程中存在是不争的事实,在其他项目评价中质性评价已经得到普遍重视,结合量化评价,共同构成有关"绩效评价"的关键手段。(詹姆斯·C. 麦克戴维,劳拉·R. L. 霍索恩,李凌艳,张丹慧,黄琳译,2011)本书将质性评价从设计过程中析出,在第2章与第3章对与其相关的质性研究与质性评价的基础理论进行了概述。

② 质性评价介入的时机

设计活动包括设计目的、设计方法、设计成果三个部分(胡越,2012:P14),影响设计方法的两个重要因素是设计工具以及设计成果的表现形式。本书的研究已经将"设计过程"当设计工具,通过该设计工具的革新提高建筑设计效率,基于此,将"质性评价"作为一种工具介入建筑设计过程,最终目的与将"设计过程"作为设计工具进行研究是一样的。

在不同的设计阶段,质性评价介入的时机以及作用是不一样的。在概念设计以及方案设计前期,质性评价占据主导地位,在概念设计中,质性评价方法与传统的质性评价差距不大，但是当进入到方案阶段时，还是要将"质"推向"量"的高度，参考PMV－PPD（F. D. Fanger），将质性评价转向量化评价（柳孝图，2000）。当设计进行到初步设计、施工图设计阶段以后，质性评价所起到的作用逐渐减少。而当建筑建成之后，也就是目前全球大部分绿色（可持续）建筑评价体系的使用环节，这些评价体系大都是指标性的、量化的，质性评价所占的比重极低。众所周知，通过设备的堆砌建成的"绿色建筑"是不符合可持续的内涵的，大量的被动式策略色应用带来的效果、以及节省的成本会优于设备。所以在此通过类似PMV（Predict Mean Vote）预测热感指数等概念建立量化与质性的关系，方便在方案阶段进行质性评价，但是由于实践的深度限制，本书对此不深做探讨。

③ 质性评价介入的特点

a. 显性评价与隐性评价

评价思维是伴随整个设计过程的，有些建筑师或学生会说，"我做设计的时候没有用评价"，这是不可能的，只是没有意识到而已。尤其是质性评价，建筑师或学生都一直在用，只不过大部分用的方法与质性评价仅有一步之遥，"定性评价"居多。

当某个项目设计阶段即将结束时，或者进行到某一阶段需要进行多方案或者多策略比较时，可能会进行一次较正式的评价，在概念设计阶段主要表现为质性评价，这是显性的；在设计过程中，建筑师会对自己某种方法策略进行不断的否定与肯定，或者基于设计经验、对使用者需求的质性研究，或者基于某设计法规，这些是隐性的。不论是显性、还是隐性，对设计过程都起到巨大的推动作用。

b. 与量化评价交互

前文在讲质性评价与量化评价的异同时曾提到这两者并不是孤立存在的，从低一级的层面讲，质性评价中会有量化评价的影子，而量化评价中也会有质性评价的存在；如果上升到整个建筑设计过程的尺度，质性评价与量化评价交互推动设计过程。只是在不同的设计阶段的角色有所不同，这些将在下文讨论方法模型时进一步深入解读。

4.1.3 建筑设计过程中质性评价的意义

质性评价通常以决策者、引导者、协调者的身份介入建筑设计过程，在方案发展到比较成熟之前，尤其是在概念设计一般会进行多方案的比较，很多要素是还不能量化的，如果将思维过早定为量化思维，可能会导致思维的局限，甚至浪费时间。建筑设计过程中质性评价的意义主要表现在以下几个方面：

① 提高决策的效率与效益

建筑设计相关的要素是复杂的，解决问题也存在先后顺序，在什么时候解决什么类型的问题对建筑最终的效能有很大程度的影响。在概念设计阶段以及方案设计阶段，很多要素或者设计策略仅仅是存在的程度，还没有量化，这些策略通常是建筑设计中的被动式策略，如果能够在设计早期既有这方面的设计意识，能够为接下来的量化提供很好的发展空间。在早期，这些设计策略通常是很难量化的，通过质性评价能够极大程度地提高决策的效率，对设计效益也有较大程度的保证。

② 保证多方面的需求得到最大程度的满足

新的时代背景要求建筑师能够在一定经济条件下处理好人、建筑、环境的关系，尽量满足多方面的需求，其中由于身份的不同，不同的人有着不同的需求：使用者会要求舒适、安全、方便；政府希望有些建筑能够较好地处理好与周边建筑或道路的关系，以及风貌的统一；房地产商则希望能够有足够的吸引力。而环境则要求建筑能够带来最小程度的破坏，最好能够带来环境效益。

通常情况下，由于这些需求在初期不易进行量化，很多建筑师或者设计团队在前期多方案比较时仅考虑造型之类，渐渐地到了方案设计，甚至是施工图设计时将这些需求抛之脑后。通过质性评价前期的质性研究，掌握多方面的需求，在评价时，将这些作为重要的评价要素，对于多方面的需求能够得到积极的考虑。

③ 为建筑设计中的"质性"要素转化为"量化"要素提供平台

建筑设计的目标是让大部分设计要素从不可量化走向量化，最终实施。由于在设计早期，很多被动式策略是不容易量化的，或者说在早期进行量化意义不大，而设计过程需要决策，需要评价，所以比较容易应用的就是质性评价，并且质性评价可以为要素的转化提供平台，有效推动设计过程的发展。

综上所述，在建筑设计过程中，质性研究是指建筑师通过实地体验与感知，对使用者的需求与设计条件进行多方位把握，经过有效分析之后将成果用于辅助建筑设计；质性评价是指建筑师通过调研问卷或访谈等形式，全面掌握使用者对设计的态度、团队对条件的回应等情况，经过有效综合分析之后将成果用于辅助方案选择及建筑设计。（狭义的）过程中质性研究是质性评价的基础，质性评价为质性研究提供更新的基础资料，两者是互补的，交互推进的。

4.2　建筑设计过程中质性评价方法（QEM^BDP）模型解读

建筑设计过程中质性评价方法（Qualitative Evaluation Methodology in Building Design Process）（下文简称 QEM^BDP）模型，是对建筑设计过程与质性评价深入理解之后，对时代发展要求的回应。既是一种设计方法，也是一种设计工具，旨在设计阶段将不可量化与难以量化的要素纳入评价，提高建筑的整体效能，处理好"人-建筑-环境"的和谐关系。

4.2.1　QEM^BDP 模型的建立过程

本书通过模型思维建构，基于我国目前的设计过程、设计方法的发展与研究现状，对目前与建筑设计相关的前沿理论进行了综合分析与研究[1]，然后将质性评价介入建筑设计过程，建立 QEM^{BDP} 模型，并通过推理、归纳等对模型进行调整、优化，最终尝试将方法模型应用到建筑设计实践，通过建筑设计实践对 QEM^{BDP} 模型进行反馈。（图 4.4）

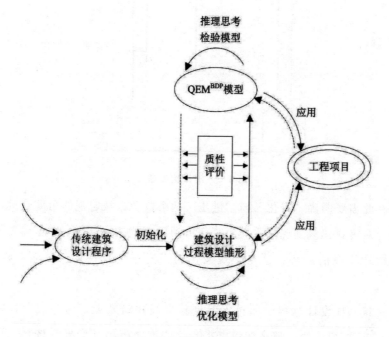

图 4.4　QEM^{BDP} 模型建立的思路

① 建立"自举"模型思维

赵南元[2]先生在其著作中曾提到软、硬结构理论，他认为，在人的感知及社会科学研究中存在"自举"现象，就像火车车厢一样，即前一节的输出会对后一节输入产生制约，建筑施工中也存在这种现象[3]，科学原理使然（图 4.5），使用此概念可以对建筑设计过程作理性分析。

① 可参考褚冬竹博士论文《可持续建筑设计生成与评价一体化机制》，此部分本书不作探讨。

② 赵南元，男，1946 年生，清华大学教授，主持过多项国家自然科学基金及其他项目，讲授模式识别、认知科学等课程，著有《认知科学与广义进化论》。

③ 自我表述系统必须包括相互作用的软、硬两部分结构，硬结构保证系统的存在，软结构在硬结构的支持下对硬结构进行建构，完成系统的自举。

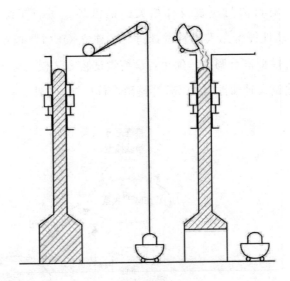

图 4.5　滑模施工法

在此需要明确"进化"与"进步"两个概念，从宏观的角度看世界建筑史，从古典建筑到现代主义建筑，再到后现代主义建筑，"建筑文化呈现出跳跃发展的趋势，这是建筑文化的广义进化特性"（陈军，蒋涛，2003）。

建筑师在设计过程中通过不断创新提高建筑效能，这种现象称之为"进步"或许更恰当。那么如何"进化"？"进化离不开变异与选择，选择又离不开评价"，因此评价是"进化"的重要影响因素。

对"评价"的机理以及建筑设计过程进行深入剖析，明确其关系又成为解决问题的关键。模型分析法对于建筑学这一具有模糊判断性质的学科来说，是不错的选择。它不仅使设计过程更直观，还可以指导设计实践。以模型思维思考建筑设计过程，是进化论应用到建筑学领域核心价值理论体系建构的需要[①]。

对于建筑设计而言，理论模型是一种非常有效的建筑思维方式，可以将建筑师理性与感性的思维进行整理，使建筑师对自己、对设计的要素更

---

① "如果没有一个具有客观性的价值理论体系，进化论向生物学领域以外进行推广是缺乏理论基础的。"赵南元（1994）

加了解，达到知己知彼。

② 基于我国传统的建筑设计程序

根据《中国基本建设程序的若干规定》、《建筑工程项目的设计原则》等，采访了多位建筑师，总结了我国目前建筑界的一般设计过程，主要包括 7 个阶段（图 4.6）：承接项目及前期研究、概念设计阶段、方案设计阶段、初步设计阶段、施工图设计阶段、施工现场服务阶段、竣工验收与回访。（马景忠，2003）

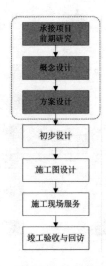

图 4.6　我国传统的建筑设计程序

注：灰色填充为本模型主要针对阶段

③ 质性评价介入并建立模型

基于前文对质性研究与质性评价在建筑设计方面应用的基础理论，建立模型思维，基于我国传统的设计过程，分析设计方法的研究现状，最终将质性评价介入设计过程，建立 QEM^{BDP} 模型。

4. 2. 2　QEM^{BDP} 模型框架

建筑设计过程中质性评价方法（QEM^{BDP}）模型是指，在建筑设计过程中，以"质性"为主的评价思维与设计过程融合、交互推进的设计原理

与模型。（图 4.7）

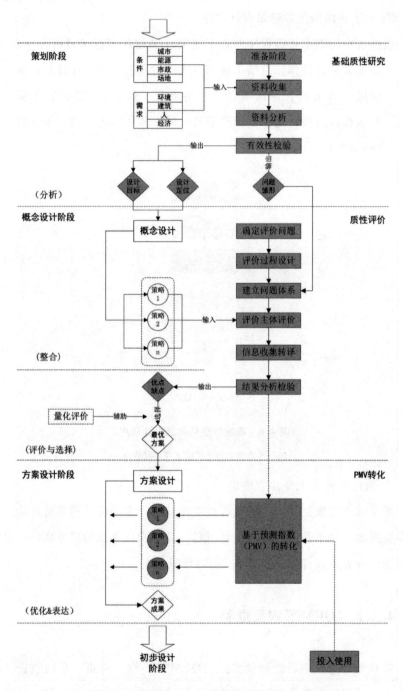

图 4.7　建筑设计过程中质性评价方法模型

QEM^{BDP}模型并不是对传统的建筑设计程序的颠覆或全面更新，而是基于当代建筑设计发展现状与目标要求，从全生命周期的角度思考建筑设计，对设计早期的建筑师思维进行梳理，剖析在设计过程早期解决简单但意义深远问题的机理，将易于操作、实用性强的质性评价介入传统的建筑设计过程[①]。

QEM^{BDP}模型是对部分"IMGE^{SB}模型[②]"的深化与提升，QEM^{BDP}模型与IMGE^{SB}模型以及其他学者提出的设计过程模型的本质区别是质性（Qualitative）思维的融入。前文提到，质性思维源于人类学家、设计学家、教育学家在其相应学科的普遍有效的应用。无论建筑师有无意识到，建筑师进行设计的过程中，质性思维占据着重要地位。在本书中将建筑设计中的质性思维明确提出进行分析，并再次融入设计过程，主要目的是使设计方法更加科学、理性，提高建筑效能。

4.2.3 QEM^{BDP}模型的特质

在本书"1.1 问题"中提到，希望能找到一种工具对建筑效能的提升、乃至设计方法的革新起到催化作用。QEM^{BDP}模型不仅是一种设计方法，更是一种设计工具。作为设计工具，QEM^{BDP}模型主要有针对性、易用性、集成性、约束性等特质。

①针对性

作为一种工具，首先应该具有针对性，设计过程较为复杂，建筑师应该根据不同时期、不同对象、不同策略使用不同的工具。由于每个设计阶段的思维方式不尽相同，在建筑设计早期以质性思维为主，随着设计的不断推进，质性思维向量化思维过渡，最终以量化思维为主。但是从全生命

---

① 褚冬竹《可持续建筑设计生成与评价一体化机制》（2012）中提到，建筑设计是生成与评价交互推进的过程，该机制与传统的设计程序的区别在与于其"思路重点是'评价'的角色变化上"。

② 褚冬竹《可持续建筑设计生成与评价一体化机制》（2012），IMGE^{SB}（Integration Mechanism of Generation-Evaluation for Sustainable Building）它指的是，"在可持续建筑的设计过程中，设计的生成进程与评价同步融合发展、交互干预的设计原理与模型"。

周期的角度来讲，在建筑建成之后，对建成环境的分析与质性评价体系的理论建构中，质性思维与量化思维各分秋色。QEM^{BDP}模型主要针对建筑设计过程中的前期策划分析、概念设计、方案设计三个阶段。

②易用性

和其它一些建模、分析、模拟工具等一样（图 4.8），使用方便、简洁是设计过程中选择工具的一条重要原则，具有方法指导意义的 QEM^{BDP}模型作为一种设计工具也不例外。

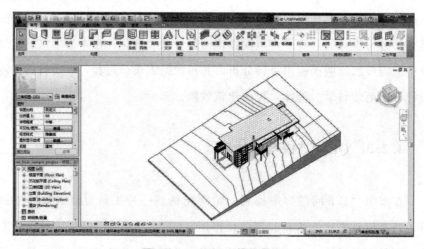

图 4.8　Revit2011 操作界面

QEM^{BDP}模型的目的是为建筑师提供有效帮助，满足建筑师对理性设计方法的需求。在模型建构过程中，一方面考虑到了建筑设计初学者（建筑学专业的学生）的需求，尽量清晰、明确，让学生花少量的时间就可以对设计过程有比较全面的了解，明确自己在什么时间该做什么事情；另一方面也考虑到设计经验丰富的建筑师的需求，这是建筑师对设计过程的大阶段有较深入的体会，可能不太关注方案生成机理，所以 QEM^{BDP}模型就将关键节点的质性评价方法进行了表达，经验丰富的建筑师可以重点关注例如"设计目标""设计定位""优点缺点""最优方案"等较为关键的节点，以进一步提高设计效率。

③集成性

集成性是指将有密切关系的设计过程中的要素与质性评价的步骤有机

地组织在一起，使设计过程中信息的完整性得到进一步保证。主要体现在以下几个方面：通过基础质性研究对城市、能源、市政、场地等方面的条件，以及来自环境、建筑、人、经济等多方面的需求进行梳理与分析，形成设计目标与设计定位；基于设计目标与设计定位，通过设计师的主动思考形成多个概念方案，然后通过质性评价提出各个方案的优缺点，辅以量化评价选择最佳方案，在接下来的阶段中会将其他方案中的优秀策略整合到其他方案中。这样一来，整个设计过程中的要素、设计过程都会有机地集成起来，使整个设计程序保持完整性。

④ 动态性

QEM^{BDP}模型是一个开放的模型，并不是永恒不变的，而是与设计条件、需求的变化有着紧密的联系，并且受其它设计工具的影响，还会随着建筑科技的发展而不断变化，从而显示出 QEM^{BDP} 模型的开放性与进化性。动态性不仅仅在设计主轴上有所体现，经过质性评价的主观介入，可以通过 QEM^{BDP} 模型清晰地看到"质性"信息的流动，能够动态地反映出设计要素的转化以及设计过程的推进。这就要求质性评价在实现信息资源更新的过程中保持动态性，这也是质性评价的特长，因为质性评价是源于环境（context）的，是动态发展的。

随着计算机网络社会的发展以及人们综合素质的不断提高，设计过程需要整合的要素也出现了更新速度快、时效性强的特点，这也要求 QEM^{BDP}模型要保持一定的动态性，从环境中来，经过设计师、工程师等的"加工"再次回到环境，在不带来较大环境破坏的情况下，给环境带来效益，促进"人-建筑-环境"的和谐发展。

4.3 QEM^{BDP}模型的四个关键模块

设计过程就像一列火车，是由多节"车厢"组成的，很多设计过程模型研究学者习惯将各"车厢"用模块的概念表示，因此本书基于前辈的方法通过模块的方式对 QEM^{BDP} 模型进行解析。QEM^{BDP} 模型主要由基础质性研究模块、概念生成与评价模块、最优方案选择模块、方案优化与设计模块等四个模块组成。

4.3.1　基础质性研究模块

在传统的设计过程中，最初阶段称为前期分析或策划分析，主要是对项目进行了解，对现场进行调研，挖掘项目的条件及多方面的需求。但目前很多建筑师、甚至还在学习期间的学生仅仅是"场地转转，照片拍拍"而已，不能真正从建筑所处的环境（context）出发对设计的需求与条件进行深入的分析，所以对设计目标与定位的确立与环境的关系变得遥远，项目的目标与定位千篇一律。

人类学研究专家所采用的研究方法是最值得建筑师，尤其是建筑学专业学生学习应用的，特别是在这个模块或者阶段中。质性研究是一个很广义的研究方法，在前文提到包括基础质性研究、民族志、人类学、扎根理论等多种研究方法。

基础质性研究是最简单普遍的质性研究方法，主要把握"阐释"这个核心概念。在建筑设计前期，就是需要扎根于环境对于建筑有关的城市条件、能源条件、市政条件、场地条件等，以及来自多方面的需求进行阐释，发展出设计目标与设计定位，并为下一模块的质性评价提供问题评价体系的雏形。其基本过程包括准备、资料收集、资料分析以及有效性检验等步骤。

4.3.2　概念生成与评价模块

①概念生成

在褚冬竹博士论文《可持续建筑设计生成与评价一体化机制》中，将设计过程放大为生成与评价两条交互进行的主线，包括策划分析、概念发生、性能优化、综合决策四个模块。生成自始至终贯穿全程，这个"贯穿"的"链"就是信息，信息包括量化信息（如国家设计标准）和质性信息。在概念生成过程中，质性信息通过草图与模型的表达最终呈现出多个方案，每个方案中的信息都是从环境中经过质性研究提炼出来的。概念生成与基础质性研究是紧密联系、相互影响的，在概念生成的过程中会根据需要不间断地进行基础质性研究，在基础质性研究的成果——设计目标、设计定位等会直接影响概念的生成。

②质性评价

该"质性评价"是狭义的，主要指评价的过程①，质性评价在概念设计阶段的角色尤为突出，其主要任务是明确各概念方案的优缺点，以为接下来的最优方案选择提供建议，其哲学意义是与质性研究一样的，都是阐释的，而不是实证的。

在 QEM^{BDP} 模型每个模块中，都可以清晰地看到质性信息的输入与输出：基础质性研究的问题雏形指导该模块中问题体系的建立；概念生成产生的多个方案作为评价主体的评价对象输入质性评价，评价组织者通过对评价信息的收集与转译、并对结果进行检验，最后对每个概念方案的优缺点进行阐释，为接下来的最优方案选择做准备。

如果项目允许的时间充裕，建筑师可组织采用 Delphi 进行质性评价（图 4.9）。该方法主要突出"反馈、循环"的特点，将第一次质性评价的结果进行整理之后，调整评价问题体系，使评价主体了解其他评价主体的意见，然后再进行一次质性评价，这使评价意见进一步聚焦，使质性评价的有效性得到进一步提高。

---

① 广义的质性评价包括前期的基础质性研究、狭义的质性评价、以及接下来的质性转化等。

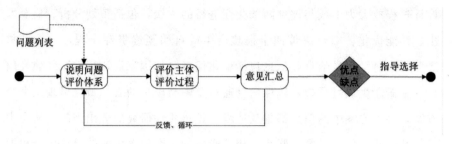

图 4.9 基于 Delphi 的质性评价过程简图

4.3.3 最优方案选择模块

该模块的主要特点是"质"与"量"的博弈（图 4.10），在经过质性评价之后，将每个概念的优缺点基本呈现出来，虽然存在一定的主观性，但是在设计阶段初期，这种主观性的存在是必然的，毕竟设计是一个由质到量的转化过程。此模块中，与量化评价相比，质性评价还是占主导作用，通过量化评价的辅助，对项目有关的投资、效益、容积率、建筑面积等量化指标进行综合比较，发挥建筑师的主观经验作用，选择最优方案，选择的标准是通过对该方案的优化，其最有可能适合在此环境中，为环境带来效益，为人类带来舒适与便利，建筑主体达到较高的效能。

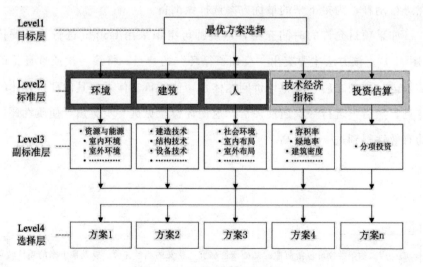

图 4.10 最优方案选择过程

4.3.4 方案优化与设计模块

从科学评价的角度出发，对于一个项目进行单纯的质性评价或者量化评价都是不全面的，从质-量思维出发，研究方法的两个端点分别是质（Qualitative）与量（Quantitative）（图 4.11），也就是说，从整体看是由"质"走向"量"的过程，即是 QEM^{BDP} 模型中该模块的原理。

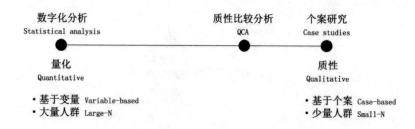

图 4.11 研究方法的范围——从质性到量化

来源：参考 Gross & Garvin（2011）的相关理论

在该模块中，要对选择的最优方案进行调整，一方面是优化自有的设计策略（图 4.12），另一方面就是从其他方案中选择优秀的设计策略应用到该方案中，这就需要对方案嫁接的可行性，以及策略的优差进行比较。对不精确的设计策略进行量化，使其落到实处，避免在下一个阶段的制图过程中发现其实施的难度与经济性存在问题。

通过对质性研究专家 Gross 近几年理论的研究，他提出了一种叫做质性比较分析（Qualitative comparative analysis，以下简称 QCA)[1] 的方法，这是一种以"质"占主导，"量"作辅助的评价及分析方法。其产生过程主要是由于随着近年来多学科的交叉发展，质性研究与评价逐渐在自然科学中发展开来，而在自然学科中应用的方法或者工具一般情况下要与量发生关系，这也是质性评价能够有效介入到建筑设计过程的主要原因（图 4.13）。

---

① GROSS M E，2010. Aligning public - private partnership contracts with public objectives for transportation infrastructure [D]，PhD thesis，Virginia Tech.

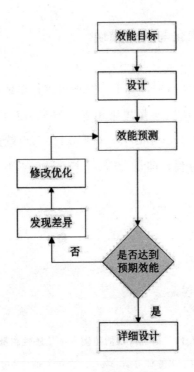

图 4.12　方案优化过程

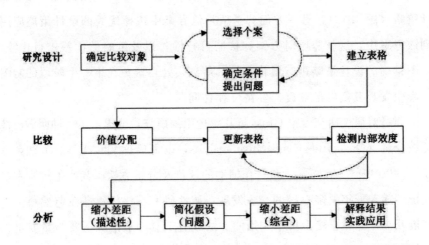

图 4.13　质性比较分析的实施过程

来源：参考 Gross（2010）的相关理论

由"质"到"量"的转化受两个主要方面的影响：一是建筑师的经验，这种经验是通过多年的实践得来的，建筑师通过对建成建筑的分析与检测，建立自己的资料库，例如，在某一地域，影响以被动式太阳能、自然通风等为主的被动式设计策略的建筑房间进深、朝向、窗墙比分别是多少，建构出建筑师能够理解的预感模型。此预感模型基于丹麦学者范格尔（P. O. Fanger）提出的预测热感指数（Predicted Mean Vote，简称 PMV）（柳孝图，2000）（图 4.14），并对其进行了发展，范格尔提出的 PMV 主要是指与热有关的空间舒适度的表达，现在已经有建筑学方面的专家学者对 PMV 进行了广义推广（万丽，吴恩融，穆钧，2011），笔者相信这是一条建立建成环境与设计过程关系的有效途径，在将来的建筑实践中会展开更深入的研究。

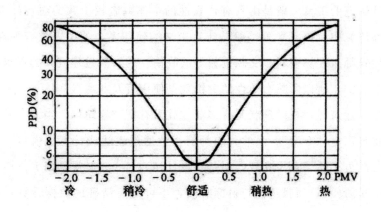

图 4.14　PMV－PPD 曲线图

来源：柳孝图，2000：P12

需要说明的是，质性评价还有一个重要特点是可以对概念方案的生成过程进行监督，避免方案抄袭等不良现象。因为质性评价的基础是质性研究的其他方法，其中包括质性案例研究，建筑师可以通过 NVivo 软件建立案例库，虽然建筑设计也是一个学习过程，但是生硬的嫁接就是对环境的破坏，所以质性评价介入设计过程对提高建筑的效能本身就是一个有效的工具。

4.4　QEM^{BDP}模型应用于实践的关键问题

4.4.1　质性研究与评价的有效性

对于建筑师而言，有效可信的研究成果非常重要，若想得到值得信赖的研究成果，最基础的保证是进行研究或评价时的严谨度，这也是最直接的实现方式。前文提到质性研究与评价的有效性主要体现在效度方面，由于质性研究的工具一般是由具有代表性的个体或者较少数的建筑师组成。在质性研究中，资料来源一般是建筑未来的使用者、业主、政府等提供，以及建筑师对现场资料、文献资料等的收集。通常假设建筑师的资料收集是有意义的，所以影响有效性的关键就是使用者及业主。

目前建筑界存在的现状是许多业主并没有把"建筑师"当成专家，反而觉得自己是"专家"，虽然建筑师努力地通过表达或计算机模拟、数据计算等的方式给予业主建议，但是在设计初期——基础质性研究阶段（即策划分析阶段），项目定位与目标阶段，不可能有精确的数据计算，所以对从业主处得到的基础资料对未来建筑效能的提高可能不完全具备有效性，这就需要建筑师认真甄别，给自己未来的设计留有一定的余地。由于这一点，可能会导致很多建筑师对质性研究产生怀疑，而任何一种工具或者理论都或多或少存在些缺陷，尤其是与人有关的。

对于建筑设计中的质性评价阶段有效性的检验可以放到稍微次要一些的位置，因为方案是结合基础质性研究的成果，建筑师综合生成的，即质性评价的对象，而评价人员又是团队中的成员，经过意见收集与转译之后，经验丰富的建筑师或者项目组织者一般可以清晰地认识到方案的优缺点以及评价的有效性。所以，这种从其他学科借鉴到建筑学中的方法，可以根据建筑设计过程中的质性相关阶段予以变通，这也是质性研究方法应用动态性的体现。

4.4.2　问题体系的针对性

质性评价的问题体系通常由两部分组成——综合部分与专项部分，综合部分是指针对大多数质性评价而言基本都能适用的，而专项部分是指针对不同的设计项目而言不同的部分。

综合部分主要涉及"是否参与了项目概念设计之前的质性研究？参与了哪一部分的资料收集？如何收集的？""你觉得哪些方案比较适合发展？它（们）的优点是什么？"等问题，是对整个评价过程的把握，是对整个项目的综合阐释。

问题体系针对性的体现更重要的是在专项部分，这些问题是基础质性研究的成果，也是问题的雏形，目的是对实际问题进行针对性解决，并且这些问题不能直接复制到其他项目中。例如在前文某办公楼项目中的问题体系中有"每个方案在噪声回避方面做了哪些考虑？"等，这个问题只能针对这个项目，基础质性研究成果表明对噪声的回避是该项目的重点问题，在其他项目中噪声问题可能就不是关键问题，也就不存在此针对性。所以，在问题体系针对性方面，需要建筑师能够用自己敏锐的观察发现不同，找到解决问题的关键，这对下一阶段的设计有非常重要的引导作用。

4.4.3　评价主体的客观性

虽然质性评价问题体系源于对建筑的使用者、业主等的基础质性研究，从理论上讲，评价主体最好的选择应该也是这些人群，但是在设计阶段，即使建筑师将方案展现给使用者，无论是三维还是实体模型，大部分使用者可能会由于建筑知识的缺乏无法建立需求与虚拟模型的关系，所以承担此重任的一般就是设计团队的其他建筑师，在这方面，最关键的就是建筑师能够发挥忘我精神，站在人（使用者、业主、政府等）、建筑、环境等的角度合理阐述、进行评价。

在建筑设计过程前期，设计思维包含很大程度的主观性。对建筑创作而言，在感性的部分中，确实存在一部分不可言说、不可评价，就连建筑师自己也不知该如何解释的部分，质性评价的对象是除了这部分之外的其他感性部分。所以建筑师在组织或者作为评价主体进行质性评价时，要以使用者的身份进行阐述与评价，这样才能体现对使用者以及环境的尊重，符合当代建筑设计发展的内涵。

4.4.4 质性评价与量化评价的博弈

建筑设计过程是一个感性与理性博弈的过程，在以质性研究或评价为主的策划分析、概念设计阶段，也存在一定的量化研究与评价，"质"与"量"是相互依存，互相推进的。质性评价与量化评价的博弈最主要体现在基于质性评价的结果选择最优方案的过程，质性评价的特点是阐释性的，而量化评价是实证的，基于阐释性的结果——各方案的优缺点及其他设计推进建议，通过量化评价选择最优方案。

在最优方案选择的过程中，量化评价起到的是辅助作用，但是随着"量"的地位逐渐提高，以及建筑未来必定为转化为"量"，建筑师在此阶段也需要综合考虑量化评价的结果，对建筑的可持续性以及建筑未来能够带来的环境、经济、社会效益进行综合权衡，提高建筑的整体效能。

4.5 本章小结：质性信息的流动与转译

QEM^{BDP}模型是对建筑设计过程中以质性思维为主的策划阶段、概念设计阶段，以及质性与量化博弈较明显的方案设计阶段的模型表述。从中可以清晰看到质性信息的流动，以及随着设计过程的发展，质性信息是如何转为量化的。

在方案的最初阶段通过基础质性研究对质性信息进行收集、管理与分析，然后通过质性评价对各概念方案进行描述性评价，使得质性信息通过建筑设计、质性评价两条主线再一次汇聚，然后通过质性评价与量化评价的博弈选择最优方案，最后经过质与量的转化对方案进行优化。从中可以清晰地看到质性信息的流动，并在方案设计阶段向量转化。

本章首先对 QEM^{BDP} 模型相关的基本原理进行了概述，然后对质性评价在设计过程中的地位进行了进一步了解并阐述了建筑设计过程中质性评价的意义；第二小节是本章的核心内容，也是本书的核心内容，首先对QEM^{BDP} 模型的建立过程进行了表达，然后建构了 QEM^{BDP} 模型框图，并对 QEM^{BDP} 模型的针对性、易用性、继承性、动态性等四个特质进行了说明；第三小节对 QEM^{BDP} 模型的基础质性研究模块、概念生成与评价模块、最优方案选择模块、方案优化与设计模块等四个基本模块进行了详细解读，并说明其应用于实践的关键问题。

综上所述，通过 QEM^{BDP} 模型可以清晰地看到质性信息的流动以及向量化信息的转译。通过 QEM^{BDP} 模型，可以使建筑师更加清晰地认识设计过程，采用更加科学理性的方法进行建筑设计。

5 应用：广阳岛邮轮母港码头客运大楼概念设计

5.1 项目背景

广阳岛邮轮母港码头客运大楼概念设计是作者在 Lab. C. [Architecture] 建筑设计工作室参与的实际工程项目（2012 年 9 月－12 月）[①]，在实践的过程中，对 QEM[BDP] 模型进行了应用。

5.1.1 区位

该游轮母港码头客运大楼（以下简称码头客运大楼）位于长江重庆段。滚滚江水千年来冲刷着两岸大地，勾勒出江岸优美流畅的自然风光，见证了两岸各大都市的成长。长江上，号称"黄金水道"的三峡大坝，是人类社会一大奇观，成为了各方游客的驻留圣地。作为长江中上游的重要都市，重庆担当着长江之旅起点的重要角色。项目建成之后，游览三峡的大型游轮将在这里集结（图 5.1）。

---

① 建筑师团队由 11 人组成，其中褚冬竹教授担任总负责人，罗韧、魏书祥、童琳为总负责人助理。其他建筑师还包括林雁宇、傅媛、李虎、张文青、池磊、何青铭、高澍。

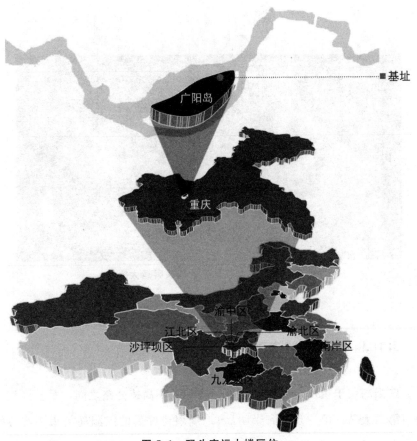

图 5.1　码头客运大楼区位

来源：Lab. C. [Architecture]建筑设计工作室

5.1.2　城市格局

　　随着全球各地像重庆一样的滨江城市的崛起，江岸的城市形态日趋引起人们的关注。经过对全球各大滨江城市的研究，江岸是城市重要的公共空间和景观节点（图 5.2）。重庆江景也是重庆独特的城市名片，滨江码头更成为重庆的门户之一。因此在对该码头客运大楼的设计中，紧扣用地环境特征，以便捷高效的交通体系为基础，打造长江中上游最具观赏与实用价值的标志性客运港口，是首要理念。

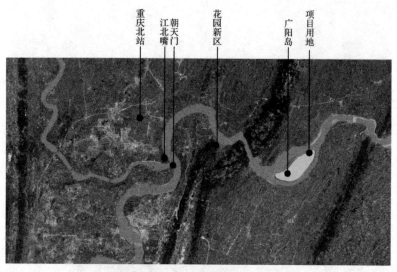

图 5.2 城市格局下的码头客运大楼

来源：Lab. C. [Architecture] 建筑设计工作室

5.1.3 广阳岛的未来规划

广阳岛位于重庆市主城区东面一环和二环高速公路之间，是长江流域内河第二大岛（第一是上海崇明岛），规划建好后的广阳岛与市中心直线距离 11 公里，水路距离重庆港 19 公里，陆路距离江北国际机场 32 公里，行程均在 30 分钟以内。

作为长江流域内河第二大岛，广阳岛上将建极地海洋动物馆、南极村。以后在岛上游览时，将有机会观赏到企鹅，还可体验极地世界的自然风光。另外，还有"海盗村"、海兽馆、珊瑚馆、动物欢乐表演剧场、空中索道等娱乐设施。

另外，政府将通过岛周围的绿化和岛中森林公园建设，把广阳岛建成名树聚集岛、生态休闲岛、生活宜居岛。由于水岸线的涨落，岛的周边有约 2.6 平方公里的区域成为消落带，这一带会被打造成湿地公园，吸引野生动物入住。将来，广阳岛将是火炉与极地并存，时尚与田园风格并存的梦幻乐园。

5.2　基础质性研究

5.2.1　质性研究设计

通过质性研究设计，可以明确研究逻辑。本书的主题是希望通过挖掘被动式设计策略提高建筑的整体效能，提出问题往往决定着该如何收集资料，也会确定调查的范围，在调查时该注意些什么，而本书具体问题则是挖掘提高建筑的舒适度、降低能耗等方面的策略。

由于场地目前还处于荒芜状态，除了现场调查滨江现状，大部分的场地关系要通过上一级规划了解（图 5.3），所以将资料的收集范围放大到了整个重庆滨江地区，挖掘被动式设计策略，资料收集方法主要以实地调查、笔记为主。

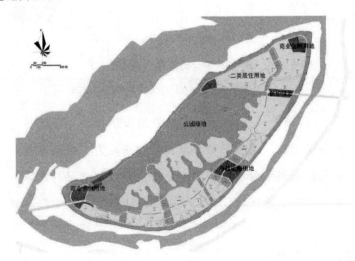

图 5.3　广阳岛规划现状

来源：Lab. C. [Architecture]建筑设计工作室

5.2.2 资料收集

① 气候基础条件

对于气候条件的收集主要来源于中国天气网－重庆（http：//cq. weather. com. cn/）以及 Ecotect 的插件 Weather tool（图 5.4）。

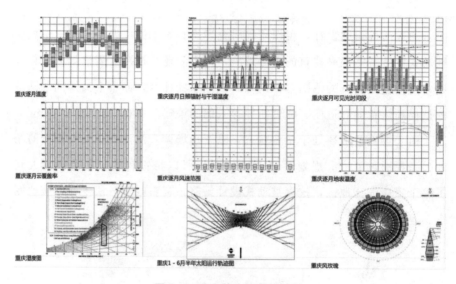

重庆逐月温度　　　重庆逐月日照辐射与干湿温度　　　重庆逐月可见光时间段

重庆逐月云覆盖率　　　重庆逐月风速范围　　　重庆逐月地表温度

重庆湿度图　　　重庆1-6月半年太阳运行轨迹图　　　重庆风玫瑰

图 5.4　重庆的主要气候特征

来源：weather Tool 工作界面

通过图示可以看出，重庆地区温度舒适范围极小，夏热冬冷，需要做好隔热与保温措施；重庆平均云覆盖率较高，为了提高室内的自然采光效果，需要认真调整窗墙面积比；夏季主要以西北风、北风为主，平均风速不高；湿度舒适区域仅为 2％左右；日照时间较少，不利于太阳能布置。

② 基地周边信息

大自然鬼斧神工，在重庆市南岸区腹地，借用江水的精心雕琢，万里长江第一岛——"广阳岛"浴水而出，成为长江河畔的璀璨之星。在这风景秀丽的广阳岛上，码头客运大楼拥有两块可行选址，分别位于广阳岛东北角临江的主干道两侧。两地块均拥有良好的环境和景观视线。一号地块上，建筑与水面较远，距离趸船202.2米，扶梯操作空间充裕，旅客通过支路进入客运大楼。二号地块上，建筑部分架空于水面上，距离趸船139米，临近江水，亲水性较强，旅客通过主干道进入客运大楼。[①]

a. 周边交通

由于基地与重庆主城区的地理关系，其客流来源主要是乘坐旅游大巴到达码头，散客的数量相对较少，因此处理好客运大楼周边的车行交通尤为重要，包括到港、离港（图5.5）。为了使码头客运大楼不给周边街区带来交通压力，在设计过程中需要谨慎处理步行与车行的关系，希望能够提高周边的交通效率，以此码头客运大楼作为一个有趣的节点，延续整个广阳岛生态步行流线。

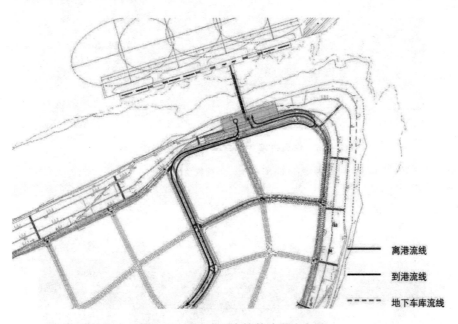

离港流线

到港流线

地下车库流线

图5.5 码头客运大楼基地周边交通

来源：Lab. C. [Architecture] 建筑设计工作室

---

① 在资料收集及概念设计阶段，由于业主的场地没有确定，即有两个选择，场地一离江边较远。场地二离江边较近，两者各有自己的优势与特点，在实际设计过程中有针对两个场地进行构思，本书以场地二为例进行说明。

b. 视线景观

对于景观，要从主体与客体两个方面进行考虑（图 5.6），一方面要使客运大楼能够作为景观客体，使来往江面的游客能够把其当成一道美丽的风景；另一方面还要使码头客运大楼内的候船、办公人员等有良好的视线景观（图 5.7）。

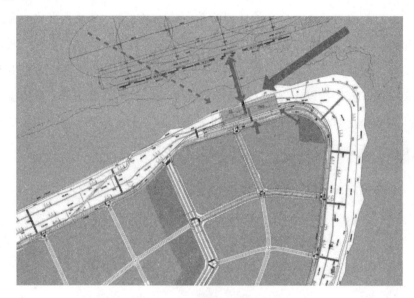

图 5.6　作为景观主体与客体的码头客运大楼

来源：Lab. C. [Architecture]建筑设计工作室

图 5.7　基地外滨江景观（2012. 10. 17）

c. 剖面关系

对于滨水及山地相关的项目而言，处理好剖面关系尤为重要，该码头客运大楼的 0.00 标高、以及基础的位置分别主要受设计最高水位（187.88m）、设计最低水位（155.72m），最高水位主要是此处长江最高水位决定的，最低水位是由与趸船①的特性以及游轮正常运行等的水位决定的（图 5.8）。

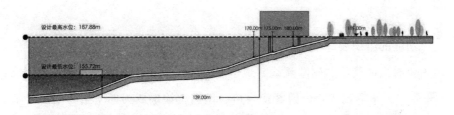

图 5.8 基地剖面关系

来源：Lab. C. [Architecture]建筑设计工作室

③ 功能与指标要求

a. 功能与指标

码头客运大楼的功能主要包括离到港大厅、候船区、登船区、办公区、行包托运、设备区等。地上总建筑面积约 15175m²。（表 5.1）

表 5.1 码头客运大楼的功能组成与面积指标

功能类型	功能分区	面积指标（m²）
离到港大厅	离港大厅	2224
	到港大厅	1610
	票务换牌	389
候船区	贵宾候船区	1009
	候船区	2055
	商业区	1050
登船区	安检区	569
	集散厅	876

① dūn chuán 无动力装置的矩形平底船，固定在岸边、码头，以供船舶停靠，上下旅客，装卸货物。引自：百度百科

117

功能类型	功能分区	面积指标（m²）
办公区	办公区	1669
行包托运	行包托运	536
设备区	设备横移区	890
	设备用房	2298
地上建筑面积总计		15175
地下车库面积		9060

b. 功能关系

功能的组织要综合考虑出港、到港与建筑内事件发生的关系。该建筑内主要有出港流线、到港流线、地下车库流线、景观流线等四条主要流线（图 5.9），车辆出入口、游客换乘口、候船、检票成为四个主要的事件节点）。以出港与到港为例，游客乘坐旅游大巴进入地下提供车库，通过扶梯或者电梯的方式进入售票及检票大厅，办理好行李托运、安检、检票之后进入候船厅，最后通过扶梯到达邮轮；而出港的流线相对简单，游客到达趸船之后，乘扶梯直接进入疏散大厅，然后选择乘坐已经确定旅游大巴的位置，或者在地下停车库，或者在离港大厅门口。整个出港与入港流线需要非常顺畅，为保证游客行进顺利，最佳方式是不要让游客做套多选择题，为游客减少旅途中不必要的麻烦，这是对交通建筑的基本要求。

④ 码头案例收集

a. 横滨港国际客运中心码头

日本横滨国际客运中心码头[①]是由 FOA 事务所 1995 年设计的，结构是日本的结构师渡边邦夫和他的结构设计集团 SDG 设计的，该项目于 2002 年 11 月完工，总建筑面积 43843m²，造价为 235 亿日元，约合美元 2.3 亿，从方案到最后完工持续了将近 9 年的时间（图 5.10）。

---

① 该案例的有关资料参考 FOA 官方网站 http：//www．f－o－a．net/。Alejandro Zaera Po-lo 是西班牙人，Farshid Moussavi 是伊朗人，夫妻俩，1992 年在伦敦创建 FOA 事务所，全称是 Foreign Office Architects。该方案的中标使他们获得了巨大的国际声誉。伦敦申办奥运会的 2012 年奥运公园的规划方案也是他们的作品。

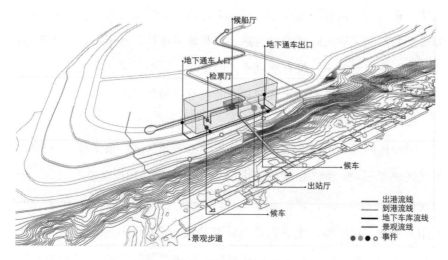

图 5.9　码头客运大楼功能关系示意

来源：Lab. C. [Architecture]建筑设计工作室

图 5.10　横滨港国际客运中心码头

来源：http://bbs. godeyes. cn/Upload/2006/12/19/123024. tif

　　该建筑建造在横滨大码头上，码头宽 100m，长 480m，建筑宽 70 余米，长 470 米，高 15m。建筑主体两层，首层有停车场及设备用房，二层为出入港大厅、多功能厅等交通建筑的必备功能，建筑屋顶呈现起伏状态，植被绿化，建筑材料主要是钢铁、木材、玻璃。

　　在设计上，建筑师打破了传统码头设计方法，将码头作为城市地面的延伸，希望用"循环的图式"达到这个目的，在建筑中有序组织来自城市和海上的不同人群的路径，每条路径都与城市连接，并能够到达建筑的每个表面。在该建筑中，没有绝对意义的地面、屋顶、墙面，而是这三者结合成一体，穿插、交汇，而且互相之间没有明确的界限。

b. 天津国际邮轮母港客运大厦

天津国际邮轮母港客运大厦位于天津港东疆港区的最南端，与东疆保税港区毗邻[①]。2008 年由 CCDI 设计，2010 年竣工，用地面积 11.11 万 m²，建筑面积 5.77 万 m²，容积率 0.5，建筑密度 19％，建筑高度 38m。建筑采用钢框架支撑结构，主要建筑材料是玻璃钢纤维增强水泥挂板、钢架、玻璃。客运大厦是邮轮母港港区建成的第一栋建筑，将成为天津港打造的"新海上丝绸之路"的起点（图 5.11）。

图 5.11　天津国际邮轮母港客运大厦

来源：CCDI 官网

---

① 该案例的有关资料参考了 CCDI 官方网站 http://www.ccdi.com.cn/

设计构思源于对"新海上丝绸之路"的解读，"海"与"丝绸"这两者形态上拥有共同的特点是连绵无尽的起伏，光影的变幻莫测显得幽雅而柔美。于是建筑师以直纹曲面与流动性来模拟了这种自然构形，整个建筑被设计成如丝缎般漂浮于海边，营造出一种亲于自然，而异质于人工机械化的"气质"。

建筑师选择了 GRC（Glass Fiber Reinforced Concrete，玻璃纤维增强水泥制品）作为主要的外墙材料，主要是因为 GRC 拥有优异的抗腐蚀能力，良好的抗弯、抗剪、抗拉能力以及自由工艺性、可塑性。

c. 高雄港口和游船中心

2010 年，Reiser + Umemoto 事务所[①]在由台湾运输与交通部高雄市港务局主办的高雄港口和游船中心设计国际竞赛中胜出，获得最高奖（图5.12）。该项目于 2012 年开始建设，建筑预算大约 8500 万美金。

在设计过程中，设计师提出了动态、三维都市化的设计理念，这主要来自对场地在城市格局中较偏僻位置的解读。现有的公共人行道可以穿过建筑并延伸，游船和摆渡布置在公共区域下面，可以保证旅客到港和离港的安全。

建筑主厅分为三个部分，分别根据游船不同的路线布置。建筑师将公共区域垂直分成 3 个功能区域，商业区、旅游区、综合区，可以在保证高效运作的同时使公共区域的功能更加多样。

建筑师将垂直循环系统安置在了建筑表面增厚的区域，同时还有结构、公共设备和排风系统。结构采用嵌套式系统，长跨度的壳体组成底部钢管空间框架，被两片墙体夹在中间，形成了一个可以使用的凹形空间。

---

① Reiser + Umemoto RUR Architecture 事务所是由 Jesse Reiser 和 Nanako Umemoto 于 1986 年创办的，从事多样的设计活动，从家具设计到居住和商业建筑，甚至景观建筑和基础设施。Jesse Reiser 现任普林斯顿大学的教授，两人合作了书籍《Reiser + Umemoto》（London, Academy）。该案例有关资料参考了 RUR Architecture 官方网站 http：//www. reiser - umemoto. com/

图 5.12　高雄港口和游船中心设计胜出作品

来源：Reiser ＋ Umemoto RUR Architecture 官网

　　该项目的一个亮点是沿海边界与建筑提升的公共区域的连接，使建筑融入城市。木板路连接着流行音乐中心、艺术区以及购物中心，似围绕在海滨绿色的项链。其中购物中心、餐饮业以及娱乐设施都保持 24 小时营业，将这些重要的公共消费空间连接在一起可以保证港口经济的可行性、可持续性，并增强港口渡船、游轮的利用率和良性发展。

　　⑤城市滨江建筑与空间研究

　　广阳岛位于长江的右侧，将江水飞出一小股形成此岛，因此，分析重庆的滨江空间对处理客运大楼与江面、消落带的关系会有很大的借鉴作用。

　　重庆的滨江空间、建筑均极具特色，不论是传统建筑做法、建筑材料（图 5.13），还是近年来在江边兴建的大型公共建筑（图 5.14），很多独特的处理手法值得本土建筑师学习。以滨江路为主要代表形式的重庆主城区滨江空间是已被明确设计的城市空间，但设计中依然存留着多个城市生活

图 5.13 重庆滨江建筑传统材料（2011.6.4）

图 5.14 重庆大剧院（2011.6.4）

中的缺席区域（图5.15）。因为三峡蓄水带来的水位涨落问题，滨江路面以下的区域在原设计中是被消极对待的，即使它们有着良好的景观或趣味性，因此，对于滨江空间的利用有巨大潜能。

图5.15　重庆滨江桥下空间利用现状（2012.9.2）

⑥被动式设计措施

广泛收集被动式设计措施是当前建筑设计重要的准备工作，在本设计中，设计团队成员均认为被动式设计是重点，并且业主也明确提出了建筑节能。

被动式设计包含两层含义：建筑节能与人体舒适[①]。其包含选址、朝

---

① "It responds to local climate and site conditions to maximise building users' comfort and health while minimising energy use. It achieves this by using free, renewable sources of energy such as sun and wind to provide household heating, cooling, ventilation and lighting, thereby removing the need for mechanical heating or cooling. Using passive design can reduce temperature fluctuations, improve indoor air quality and make a home drier and more enjoyable to live in. It can also reduce energy use and environmental impacts such as greenhouse gas emissions. Interest in passive design has grown, particularly in the last decade or so, as part of a movement towards more comfortable and resource-efficient buildings." 引自可持续建筑设计的权威网站 Level：http：//www.level.org.nz/

向与布局，隔热，遮阳，通风，采光，控制室内空气质量，控制噪声等多方面的内容（表 5.2），由于遮阳与通风是重庆被动式建筑设计重点关注的要素，在此予以详细说明：

表 5.2 被动式设计策略"质"与"量"的分类及变化

内 容		基础质性研究	概念生成与评价 最优方案选择	方案优化与设计
选址、朝向与布局	基地选址	质	量	量
		量		
	建筑朝向	质	质	质
		量	量	量
	总平面布局	—	质	质
			量	量
	平面布局		质	质
			量	量
隔热与集—散热	隔热	质	质	质
			—	量
	集—散热	质	质	质
				量
遮阳	外遮阳	质	质	质
		—	量	量
	内遮阳	质	质	质
				量
自然通风	自然通风	质	质	质
			量	量
自然采光	自然采光	质	质	质
			量	量
高效能窗	玻璃窗	质	质	质
			量	量
提高 室内空气质量	湿度与冷凝	质	质	质
			量	量
	控制空气污染物	质	质	质
			量	量
控制噪声	控制噪声	质	质	质
			量	量

第一，基本原理

通常情况下，被动式设计通过控制阳光的进入以及应用隔热材料来获得舒适的温度。控制阳光是被动式设计最基本，也是最重要的手段，在寒冷的冬季可以通过引入阳光提供温暖，在炎热的夏季可以控制阳光的进入阻止房间过热。通常情况下，通过场地设计（朝向与布局）、房间布置、窗户的安装与面积、遮阳等手段达到相应的效果。除此之外，还通过与应用隔绝材料、控制集－散热体、自然通风等手段保持室内温度的相对稳定。地域气候对被动式设计有着重要的指导意义，在重庆，既要考虑夏季的制冷，又要考虑冬季的制热。

a. 被动式制热（Passive heating）

为了能够充分利用太阳能制热的优势，可以通过以下手段（图 5.16）：

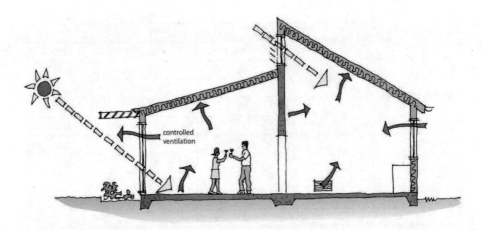

图 5.16 被动式制热的基本特征

来源：Level 官网

· 最大限度利用南向的窗子，需要注意东西向进深不宜过大；

· 适当增大南向窗子利用太阳能；

· 使太阳能通过南向的窗子传到集－散热体（thermal mass）——例如深色硬质地面上，在温度降低需要集－散热体散发热量之前对太阳能进行吸收与储存；

· 使用尽量小的北向窗以降低热的流失；

· 对东西向的窗子进行大小的仔细推敲，使其在冬季降低热损失，夏季避免眩光；

· 使用隔热玻璃体系减小通过窗造成的热损失；

· 采用高集－散热性能的材料储散热量；

· 确保门窗良好气密性，减少不必要的冷风渗透。

b. 被动式制冷（Passive cooling）

当过热成为建筑面临的主要问题时，被动式制冷与自然通风是非常必要的，被动式制冷主要可以应用以下策略（图 5.17）：

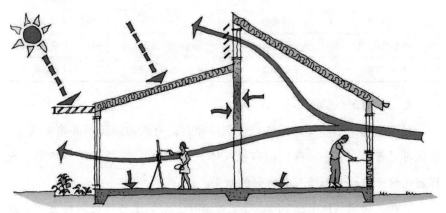

图 5.17　被动式制冷的基本特征

来源：Level 官网

· 在没有必要的情况下，最小程度地获得太阳能（可以通过窗户的设计或者遮阳）；

· 选择最佳的建筑朝向，充分发挥自然通风的优势达到制冷效果；

· 使用隔热装置/材料控制得热；

· 在白天通过集－散热体吸收热量，保持建筑的凉爽，在夜间通过自然通风带走不必要的热量；

· 在中午或下午尽量减少窗子的应用，尤其是要减小西向窗子的大小以避免下午晚些时候的西晒与眩光；

· 在炎热期，通过屋檐或者外遮阳措施（窗帘、落叶树）控制太阳能的进入；

· 通过在建筑的背面开窗或者可开启的楼面促进穿堂风的产生；

第二，遮阳（Shading）

遮阳的设置主要取决于夏季与冬季的太阳运动轨迹。夏季面对正午的太阳，并不难遮挡，一般情况下可以通过外遮阳或者屋檐就可以达到效果，稍微困难的就是东西向的房间，在这些房间通常会做比较小的窗子来应对小角度的阳光直射（表 5.3）。

表 5.3　不同情况下遮阳的处理方式

建筑朝向	太阳的方向	时间	遮阳类型
南向	高角度	正午	固定/可调节遮阳
东西向	低角度	早晨/黄昏	可调节的窗帘/百叶
东南/西南	低角度	早晨/黄昏（冬天）	可调节遮阳

第三，通风（Ventilation）

对于温度控制以及良好的空气质量而言，有效地通风是非常必要的。通风可以带走湿气、易挥发的有机气体（VOCs）、以及 CO_2 等物质，同样通风对于被动式制冷有非常好的效果。

被动式通风（Design of passive ventilation），主要通过两种方式：控制门窗的开启、建筑构件之间的缝隙。自然通风是被动式设计的重要部分，是灵活的、环境友好型的方法，在我国大部分地区都比较适宜，很多地区基本可以完全通过自然通风满足温度控制以及保持空气质量的要求，局部通过简单的设备也予以补充。

5.2.3　资料分析及有效性检验

在本书的第 2、3 章已经详细介绍过 NVivo8 的资料管理与分析方法，在此，直接将收集到的资料信息输入 NVivo8 中（图 5.18），经过分类与编码（图 5.19），建立关系模型（图 5.20）。

在该码头客运大楼实践项目中，也采用了质性研究最常用的有效性检验方法——三角检证，通过多种资料来源的对比，并向业主及各位专家反馈，最后检验结果有效合理。

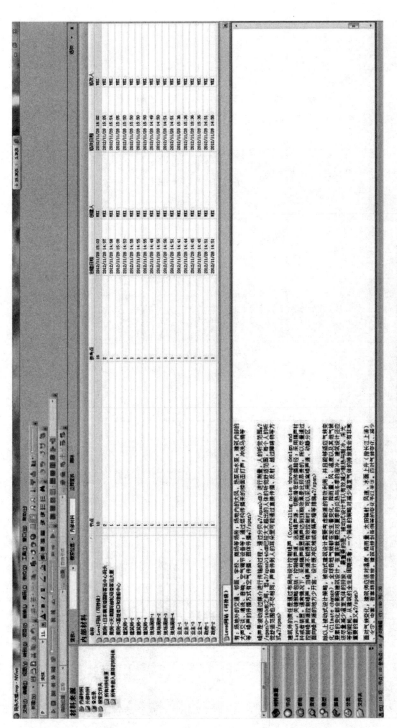

图5.18 NVivo8原始资料管理——码头客运大楼

图5.19 NVivo8原始资料编码——码头客运大楼

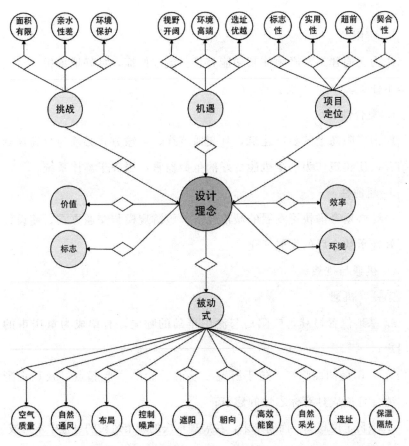

图 5.20 基于需求与条件分析的 NVivo 关系模型——码头客运大楼

5.2.4 成果表达

经过 NVivo 关系模型的建立，也可以清晰地看出项目定位、机遇与调整，并形成建筑师团队的核心设计理念，最终落实到被动式建筑设计策略上，具体表现为：

① 项目定位

a. 标志性

建筑必将成为一处展示新重庆形象的重要窗口，必须使之具有高度的标志性与独创性，其形态必须在城市文化的高度并以恰当的方式诠释出来。

b. 实用性

作为交通建筑，必须使其功能完善、流线便捷，良好地承担客运港口的基本任务。

c. 契合性

作为广阳岛上的独特建筑，其交通流线、运输方式必须与全岛规划密切结合，使建筑作为一个机能良好的生命器官，服务于整体系统。

d. 超前性

设计必须考虑快速发展的城市经济、旅游规模与交通方式，使设计能够更好地承载今后的发展变化。

② 机遇与挑战

第一，机遇

a. 基地位置显赫，广阳岛与渝中半岛的呼应，有望成为重庆市的重要门户；

b. 广阳岛四面临江，位于游览三峡的游轮的主要起点，景观视野开阔，适合打造成具有标志性的建筑；

c. 项目定位高端，面向未来，在展现重庆的城市风貌的过程中不可或缺。

第二，挑战

a. 项目基地与水面高差大（全年大部分时间），亲水性较差（影响景观、游客视野）；

b. 基地面积有限，无法在单层内满足功能要求（二层供进站人流、一层供出站人流）；

c. 基地所处的广阳岛是重庆市未来规划的高档住宅区和商业区，对城市环境有较高的品质要求，因此建筑落成后对场地周边的影响（如道路交通、视野等）需谨慎把握。

③ 核心理念

紧扣用地环境特征，以便捷高效的交通体系为基础，打造长江中上游最具观赏与实用价值的标志性客运港口。

价值：建筑通过自身的魅力，彰显自身乃至相邻城市社区的品质和价值；

环境：结合独特的地形，充分利用场地条件，发展与视野内景观的关系；

标志：作为重庆之"门"，必须作为独一无二的标志性建筑；

效率：作为人流量大的交通建筑，确保在流线上以及功能上的高效畅通。

5.3 基于基础质性研究的概念生成

5.3.1 设计模式探讨与发展

为了打造重庆城市具有门户形象的地标性建筑，对形体进行了多方向的可行性研究，主要从三种模式进行演化：第一：从整体进行变形，使建筑与城市浑然一体。第二：通过架空形式演变，植入屋面景观，使建筑与自然和谐共生。第三：分离整体，形成上下两部分，突显建筑标志体（图5.21）。

5.3.2 方案一：峡江佩玉

① 构思与设计生成

建筑造型灵感来源于佩玉光润圆滑的形态，建筑整体呈现动感流畅的环状，隐喻了重庆的热情与包容。滨临港下，建筑以一道舒展的拱形光带门诚迎八方来客。光带门的灵感来源于重庆老城门（图 5.22），体现了建筑作为重庆门户的重要地位。同时拱门在建筑内部形成开敞的观景廊道，成为候船的特色空间。

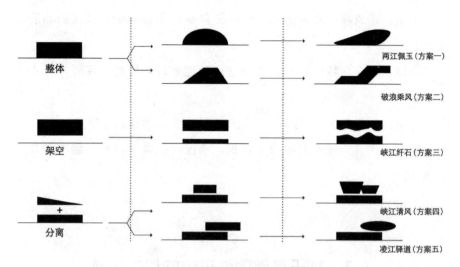

图 5.21　模式探讨

来源：Lab. C. [Architecture] 建筑设计工作室

图 5.22　方案一的构思来源

来源：Lab. C. [Architecture] 建筑设计工作室

建筑体量完整而不失灵动，其中最大的院落镶嵌于面向江景一面，结合到离港平台，形成绿岛，成为联系建筑内、外部的空间纽带，同时为旅客提供舒适的候船空间。建筑表皮采用金属打孔板，白天，从天花板泻下的阳光成为建筑内部重要的自然采光；夜晚，盈盈点点的光亮从孔洞中溢出，使建筑在夜幕的江畔熠熠生辉。（图5.23）

图5.23 方案一的建筑表现图

来源：Lab. C. [Architecture]建筑设计工作室

凌江而望，建筑如一艘乘风破浪的巨船，形态充满张力，体现出交通建筑特有的气质。高高昂起的船头，喻示了重庆坚韧不屈、一往无前的精神（图5.24）。

当夜幕降临，一条绚烂的光带勾勒出建筑轮廓优美的曲线，在城市背景下展现出一条生动活泼的天际线。

② 平面布局

建筑共分3层，地上两层，地下一层。其中：

一层包含到离港大厅、集散厅、办公辅助以及设备房间四部分（图5.25）。

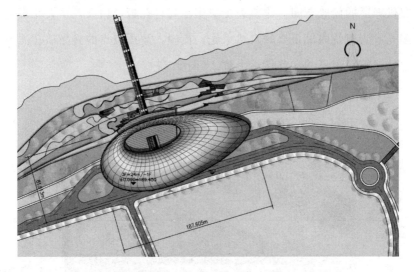

图 5.24　方案一的总平面图

来源：Lab. C. [Architecture]建筑设计工作室

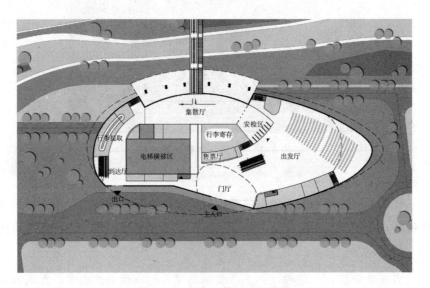

图 5.25　方案一的一层平面图

来源：Lab. C. [Architecture]建筑设计工作室

二层由 VIP 候船大厅、商业区、办公辅助区三部组成。建筑临江嘴候船区域设置开敞大空间，为乘客提供舒适候船环境的同时，也开辟了扇面观景大厅，长江美景尽收眼底。

建筑负一层包含地下车库及设备房间。交通流线清晰，可由电梯直接
到达到离港大厅。

　　建筑主体三条流线：到港流线，离港流线及疏散流线。

　　离港乘客可由建筑一层主入口或是地下车库进入建筑，在一层办理票
务及行包托运手续，并通过安检后等候登船；到港乘客由集散厅分流后进
入到港大厅，提取行李，直接离开航站楼，或是于负一层乘车离开。

　　③ 节能策略

　　建筑的环状造型有利于内部空气循环，实现良好的建筑节能效果。
夏季，江上的清风从集散厅通风口进入建筑内部，在室内形成微循环，
促进了建筑内部空气的流动；冬季，集散厅的通风口关闭，阻挡了江面
冷空气的侵入，增强建筑的保温性。入口宽大的屋檐有效遮挡了夏季阳
光直射，而由于太阳高度角变化，冬季阳光可直接射入，加热室内空气
以提升温度。建筑独特的造型使得建筑的运营能耗得到有效控制（图
5.26）。

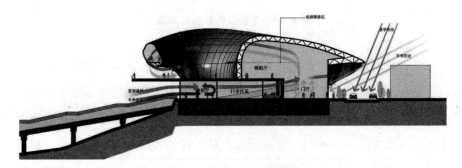

图 5.26　方案一的节能策略

来源：Lab. C. [Architecture]建筑设计工作室

5.3.3　方案二：破浪乘风

　　① 构思与设计生成

　　建筑造型的设计灵感来自于"船"的形象。向上昂起的体量，有一种
即将冲破江水的阻挡、破浪前行的态势。将"船"的寓意植入广阳岛游船

客运站的设计中，符合游轮码头的建筑性格（图 5.27）。

图 5.27　方案二的建筑表现图
来源：Lab. C. [Architecture] 建筑设计工作室

沿长江逆流而上，最先映入游客眼帘的，是候船厅向上翘起的观景平台，观景平台犹如游轮的甲板，同时为即将离开重庆的游客提供一个 360 度的观景场所。建筑临江面连续的、有律动感的横向条形窗，在很大程度上跟流水形成的沟壑相似，由此更加凸显了候船大楼"船"的形象。而面向岛内一侧的入口则有大面积的通透幕墙，使整个建筑更加轻盈通透。建筑中间低矮、两侧高起的体量，形象舒展，也自然地将建筑的不同使用功能分隔开来（图 5.28）。

该方案结构形式简单、易施工，钢筋混凝土的材料使用普遍，是一个建筑形象鲜明、造型独特、寓意深刻，功能布局、造价合理的方案。

② 平面布局

建筑平面呈平行四边形，在东南侧自然地留出供游客上下大巴车的集散空间，在临江部分布置供游客闲暇散步的景观步道。建筑地下车库出入

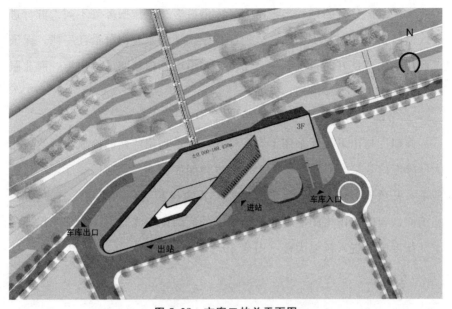

图 5.28 方案二的总平面图

来源：Lab. C. [Architecture]建筑设计工作室

口分别位于基地的东南角与西北角，保证了临时停留的大巴车、小车能顺利穿行（图 5.29）。

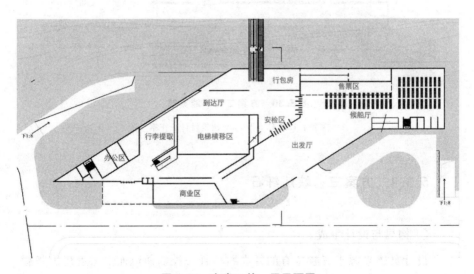

图 5.29 方案二的一层平面图

来源：Lab. C. [Architecture]建筑设计工作室

大楼平面分区明确，出港游客、入港游客、工作服务等不同人群行进流线清晰，不迂回、不交叉。候船厅位于大楼的东北部分沿江一侧，保证了候船大厅有良好的景观朝向。出港游客沿电梯横移间西侧出港，商业服务部分位于出发大厅沿街一侧。

③ 节能策略

候船厅与出发大厅采用上空的形式，夏季利用江面的冷风达到给候船大厅降温的效果。候船厅分为上层贵宾候船厅和下层普通候船厅，在旅游淡季只开放下层候船厅，将贵宾候船与普通候船结合，达到节能的目的。临街面适当的遮阳措施能有效遮挡夏季的高纬度阳光直射，但却能保证冬季低纬度阳光进入候船大楼（图 5.30）。

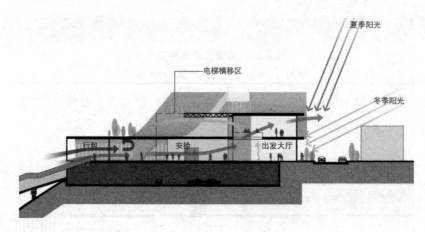

图 5.30　方案二的节能策略

来源：Lab. C. [Architecture]建筑设计工作室

5.3.4　方案三：峡江纤石

① 构思与设计生成

设计灵感来源于三峡特有的纤夫石。纤夫拉船逆流而上，展现出坚毅不屈的精神，早已成为重庆本土文化的一份重要力量。方案提取纤夫石的独特造型元素，在完整的建筑体量上勾勒出一道水平凹槽，正如纤绳划过，留下的一道印痕（图 5.31）。凹槽内，上下表面连续起伏，模拟重庆山水相连的自然景观，为游客提供别致的休闲、娱乐、景观平台。

图 5.31　方案三的构思来源

来源：Lab. C. [Architecture]建筑设计工作室

个性鲜明的形象，寓意独特的意向，将给所有途经此地的游客留下深刻的建筑记忆（图 5.32）在建筑的生成过程中，设计师虽以纤石为原型，在形上富有新意及美好的寓意，更重要的是，设计师从功能需求的角度出发，在三维上合理组织功能，并留出较好的休闲观景空间。

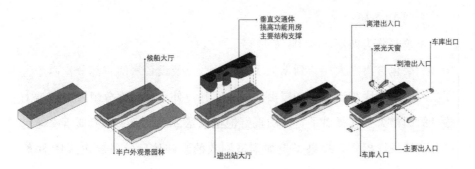

图 5.32　方案三的形态生成过程

来源：Lab. C.［Architecture］建筑设计工作室

当夜色降临，由江面观赏，整个建筑宛如被纤绳拉开的洁白巨石，露出醒目的红色内核——展现了重庆"外刚内柔"的性格特点，以一种极富表现力的姿态欢迎八方来客（图 5.33）。

图 5.33　方案三建筑表现图

来源：Lab. C. [Architecture] 建筑设计工作室

而在朝向岛内的一面，建筑体量完整大气，而出入口处，几个造型独特的门洞又为其增添几分灵动感，简洁前卫的形象很好地展示了城市门户建筑的尺度感和美感（图 5.34）。

② 平面布局

建筑共分为四层。其中：

一层包含离港大厅、到港大厅、集散厅以及设备房间三部分。两个大厅之间有集散厅相连接。二层由候船大厅和户外平台两部分组成。造型上醒目的凹槽为乘客提供了宽广的视野饱览风景。也打破了一般惯常交通等候空间的设计模式，提供了更加丰富别致的空间体验。三层由 VIP 候船厅，商店以及办公区组成（图 5.35）。

建筑负一层包含地下车库及设备房间。该层有扶梯联通一层的离港及到港大厅，为乘客提供了高效简洁的换乘体验（图 5.36）

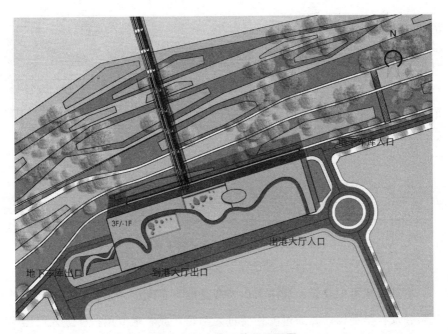

图 5.34　方案三的总平面图

来源：Lab. C. [Architecture] 建筑设计工作室

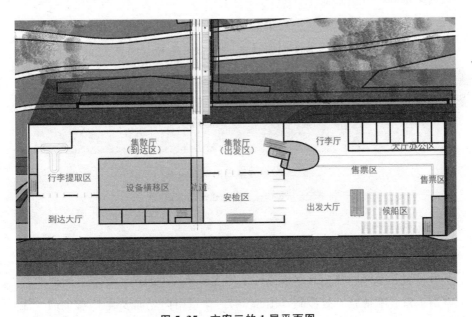

图 5.35　方案三的 1 层平面图

来源：Lab. C. [Architecture] 建筑设计工作室

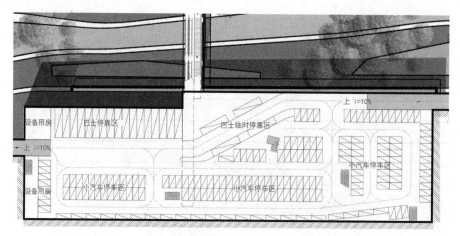

图 5.36　方案三的负一层平面图

来源：Lab. C. [Architecture] 建筑设计工作室

离港乘客可由建筑一层主入口外或是地下车库进入建筑，在一层办理完票务及行李手续，并通过安检后进入邮轮，或者乘专用扶梯进入二层候船区域休息。VIP 客户可乘直达电梯到达三层 VIP 厅，再由二层候船厅进入集散厅，并登船。

到港乘客由扶梯到达一层集散厅后可直接提取行李，并经由到港大厅快速离开航站楼，或是乘扶梯下到负一层乘车离开（图 5.37）。

图 5.37　方案三的剖面关系

来源：Lab. C. [Architecture] 建筑设计工作室

③ 节能策略

建筑独特造型实现了良好的建筑节能效果，在保证整个建筑白天充足室内自然光线的同时，有效地阻挡了阳光对室内的直晒，使建筑的照明及空调运营成本得到有效控制（图 5.38）。建筑南向立面安装 U 型玻璃，江面上的新鲜空气经由建筑中部凹槽的通风口进入建筑内部，再通过屋顶的通风口流出，对整个室内进行良好通风换气。

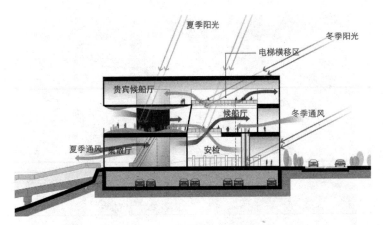

图 5.38　方案三的节能策略

来源：Lab. C. [Architecture]建筑设计工作室

5.3.5　方案四：峡江清风

① 构思与设计生成

方案汲取流水和清风作为设计灵感。风与水侵蚀着岩石、江岸，形成了各种自然奇观，见证了这片土地的沧桑巨变，孕育了重庆悠久的历史文化。建筑试图捕捉三峡山水的灵气：上部体量犹如被峡江清风风化的岩石，下部则有顺流而下的动态，给人刚毅挺拔、勇往直前的气势，体现了重庆大气豪迈的人文气质（图 5.39）。

而建筑外墙大量采用横向线条，通过表皮肌理将无形的流水和清风有形化。屋顶的处理更是将建筑与大地景观结合起来，体现了设计者尊重、回归自然的理念（图 5.40）。

夜幕降临，温暖的灯光从建筑里透出，建筑轮廓线更加凸显，宛如峡江清风吹拂着洁白巨石，熠熠生辉，传达给旅客一种温暖与关怀。相信如此的广阳岛客运大楼一定可以向人们展示重庆市自然、人文的独特魅力。

② 平面布局

建筑共分为四层，遵循交通建筑功能处理原则。将主要功能空间集约

图 5.39　方案四建筑表现图

来源：Lab. C. [Architecture]建筑设计工作室

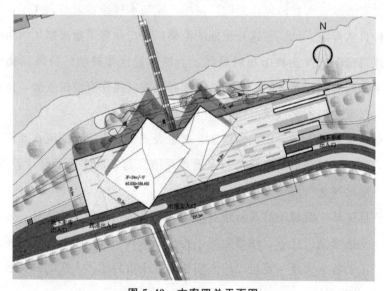

图 5.40　方案四总平面图

来源：Lab. C. [Architecture]建筑设计工作室

地置于首层，包含离港大厅、到港大厅、集散厅以及候船厅四部分。二层则主要布置了候船大厅与行政办公区，并且利用一层屋顶形成室外观景、休息平台，为枯燥的候船提供了多样的活动场所与空间体验。三层由 VIP 候船厅、商店以及观景区组成。倒锥形的建筑造型为登高远眺提供了可能性，在最高层加入观景功能，有效地提高了建筑的空间品质。建筑负一层包含地下车库及设备房间。该层有扶梯联通一层的到港大厅，有效地将离港到港人流分开。

　　离港乘客由建筑一层主入口进入建筑，在一层办理完票务及行李手续，并通过安检后进入候船厅然后登船，或者乘专用扶梯进入二层候船区域休息（图 5.41）。VIP 客户可利用直达电梯到达三层 VIP 厅，相对独立地完成安检、候船、登船过程。到港乘客由扶梯到达一层集散厅后可直接提取行李，并经由到港大厅快速离开，或是乘扶梯下到负一层乘车离开。

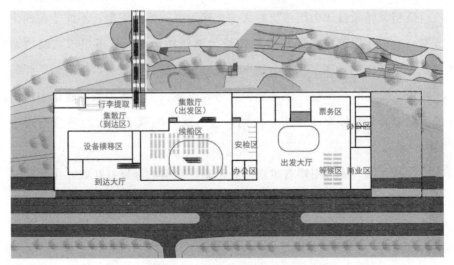

图 5.41　方案四的一层平面图
来源：Lab. C. [Architecture] 建筑设计工作室

③ 节能策略

　　利用地理优势，江风顺利进入室内，通过中庭达到自主循环，获得良好的通风。而倒锥形体量则十分有利于夏季遮阳（图 5.42）。

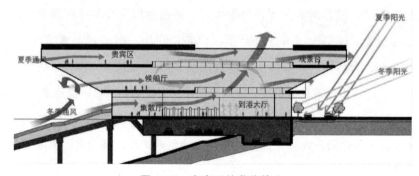

图 5.42　方案四的节能策略

来源：Lab. C. [Architecture] 建筑设计工作室

5.3.6　方案五：凌江驿道

① 构思与设计生成

造型灵感来自于中国传统意义的天圆地方，寓意深刻。不同于前四个方案，本设计建筑由主体长方形体量与顶部环形观景廊道组成，简洁明朗，重点突出。顶部360度全景观景平台是全邮轮码头的点睛之笔，开阔的视野、俯览的视角使广阳岛的美景尽收眼底。当夜幕降临，建筑中透出的脉脉光辉与江影交相呼应，向到离港的旅人展现了重庆的热情与奔放（图 5.43）。

建筑立面表皮采用镂有重庆市花山茶花图案的金属打孔版，由孔洞勾勒出的花瓣纹理给到离港的旅客深刻的印象。日光透过空隙，在建筑内部形成斑驳的光影，夜晚，从江面观赏，建筑内部的光亮更衬托出表皮图案的精美细致。

同时本设计还多采用了空间院落的手法，将绿色引入建筑内部，不同层次的空间院落与建筑顶部的屋顶绿化平台相结合，形成丰富的候船活动场地，为旅客提供城市广场的全新候船体验（图 5.44）。

② 平面布局

建筑共分五层，共有地上建筑三层，地下二层，自下而上，安排五层功能空间。分为出入港集散、办公辅助与景观廊道三大功能区域，地下部

图 5.43　方案五建筑表现图

来源：Lab. C. [Architecture]建筑设计工作室

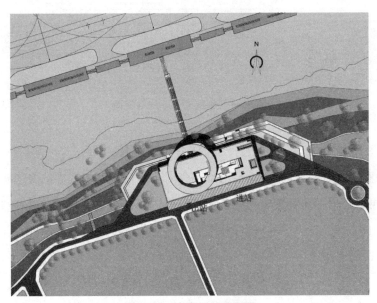

图 5.44　方案五总平面图

来源：Lab. C. [Architecture]建筑设计工作室

分为车库及设备用房，一层包括了出入港集散大厅及部分办公，各功能大厅以集散大厅为中心环绕布置（图 5.45）。二层主要以出港等候为主要功能，同时提供必要的商业配套服务设施。三层为 360 度全景观赏游廊，为到港离港的游人们提供一个全面了解重庆的窗口。

邮轮码头客运量大，流线设计尽量追求简洁，可分为到港流线、离港流线、景观流线和整体疏散四条流线，分设出入口，路线不交叉。本方案的景观流线作为特色流线进行了精细布置，在满足流线要求的前提下，为到港离港的游客开辟全开敞的景观平台，与屋顶花园。

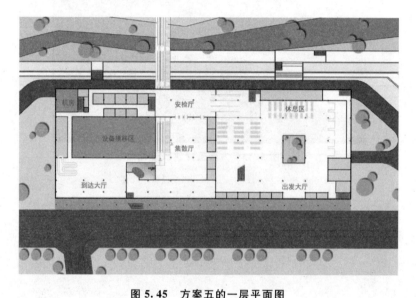

图 5.45　方案五的一层平面图

来源：Lab. C. [Architecture]建筑设计工作室

③ 节能策略

建筑简洁的形体使得建筑内部空气对流良好，江上清凉的空气吹入建筑，再通过内部多处的空间院落回到室外。迎江面大面积的玻璃幕墙使得建筑内部采光良好，屋顶的绿化平台，有效降低了夏季室内温度，降低运营能耗（图 5.46）。

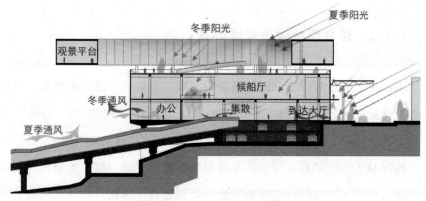

图 5.46   方案五的节能策略

来源：Lab. C. [Architecture]建筑设计工作室

5.4   基于问题体系的质性评价

关于问题体系与质性评价的基础理论在前文已经详细阐述，在此通过确定评价问题及过程设计，建立质性评价问题体系，信息收集与转译，评价结果分析与检验等四个步骤结合案例进行说明。

5.4.1   确定评价问题及过程设计

本次质性评价的目的是指导形成一个效能相对较高的方案，即推进什么样的概念方案能够带来更高的效能。与前文谈到的质性评价案例相似，本项目中建筑未来的使用者大多数没有建筑学专业素养，并且在重庆本土难以找到针对性的使用者群体，所以依然通过设计团队成员进行评价，这些团队成员是使用者价值观体现的代言，本项目中确定了 8 名评价主体。

5.4.2 建立质性评价问题体系

不同项目的质性评价问题体系有所不同，在第 3 章的案例中笔者根据建筑设计处理"人-建筑-环境"关系的理念，除了"研究"与"评价"两个基本部分之外，将质性评价问题体系分为"人""建筑""环境"三个大的方面。对于大型项目，问题体系的划分存在一定的挑战，本项目问题体系的建立将"人""建筑""环境"这一级别进行了深化，将问题体系的建立原则定为：面对机遇与挑战，基于项目定位以及被动式建筑设计要素，总结出每个方案的特色及优缺点（表 5.4）。

表 5.4 码头客运大楼概念设计质性评价问题体系

类型	要素层	问题层
研究 (1)	——	1.1 你是否参与了项目概念设计之前的质性研究？参与了哪一部分的资料收集？如何收集的？
	——	1.2 你对客运大楼以及 5 个方案了解多少？你对 5 个方案是如何生成的是否非常了解？
机遇 (2)	基地位置显赫	2.1 每个方案是如何利用"基地位置显赫"这一机遇的？
	景观视野开阔	2.2 每个方案是如何利用"景观视野开阔"这一机遇的？
	项目定位高端	2.3 每个方案是如何利用"项目定位高端"这一机遇的？
挑战 (3)	项目基地与水面高差大	3.1 每个方案的是如何解决项目基地与水面高差大之间的矛盾的？有何调整的建议？
	基地面积有限与功能需求的矛盾	3.2 每个方案是如何解决在有限基地面积内满足功能需求的问题的？有何调整的建议？
	区域对环境的高品质需求	3.3 每个方案是如何应对这一挑战的？有何调整的建议？
定位 (4)	标志性	4.1 每个方案的标志性体现在哪些方面？
	实用性	4.2 每个方案的实用性体现在哪些方面？
	契合性	4.3 每个方案的契合性体现在哪些方面？
	超前性	4.4 每个方案的超前性体现在哪些方面？
被动式 (5)	朝向与布局	5.1 每个方案在建筑主体朝向与布局方面采取了哪些有效策略？
	建筑遮阳	5.2 每个方案在建筑遮阳方面采取了哪些有效策略？
	自然通风	5.3 每个方案在自然通风方面采取了哪些有效策略？
	自然采光	5.4 每个方案在自然采光方面采取了哪些有效策略？

类型	要素层	问题层
评价 （6）	——	6.1 你觉得哪些方案比较适合发展？它（们）的优点是什么？
	——	6.2 你觉得哪些方案不适合发展？它（们）的缺点是什么？有没有调整的建议？
	——	6.3 你对整个项目的推进优化，有什么样的建议？如果让你重新设计一个方案，你会做出什么样的改变？
	——	6.4 除了这五个方案中所应用的适宜性策略，还有没有其它的？ 6.5 还有没有其他意见？

5.4.3　信息收集与转译

首先，该环节的关键是选择的 8 位评价主体对问题的回答与描述，然后是评价组织者（本书作者）通过 NVivo 软件对反馈信息的管理与转译，其方法与本书 2.4 中的应用基本一致，在此不作赘述。由于时间有限，本书基于德尔菲法进行了 3 次质性评价与反馈，第一次资料反馈的情况见附录（附录 B[①]）。

5.4.4　评价结果分析与检验

通过 NVivo 的编码、建立节点、建模等，发现了每个方案的优点与缺点、以及缺点的改进措施，本书以描述每个方案的优点为例进行说明（图 5.47）。

经过 NVivo 分析之后，需要对质性评价结果的有效性进行检验，本案例依然采用前文介绍的三角检证的方法，对资料的来源进行多渠道比较（附录 C[②]），并对编码来源进行了分析验证（附录 D[③]）。基于以上验证，该次质性评价有效。

---

① 该次质性评价包括 8 份资料来源，本书附 2 份（B1、B5）供读者参考。
② 以相应的 2 份资料来源（C1、C5）为例说明，供读者参考。
③ 以方案一为例说明，供读者参考。

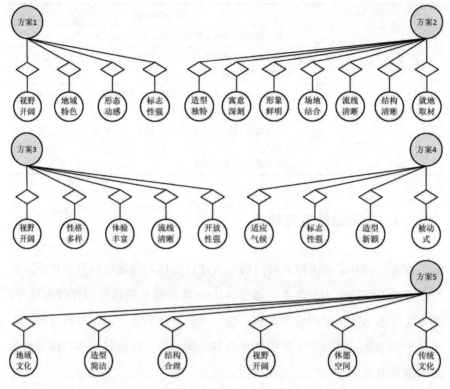

图 5.47   客运大楼概念设计质性评价结果——方案的优点

5.5   最优方案选择

最优方案的选择是指在质性评价结果的基础上，辅以量化评价，选择产生最适合下一步发展的方案。

由于业主非常关注经济性的问题，该项目中，量化评价主要针对技术经济指标（表 5.5）、经济性两个方面，对于经济性的考虑主要是每个方案的投资估算。结合质性评价结果，最终选择在方案 2 的基础上，结合其它方案的优秀设计策略进行调整优化。

表5.5 五个概念设计方案的主要技术经济指标对比表

	方案1	方案2	方案3	方案4	方案5
总建筑面积	24299m²	24096m²	22834m²	25837m²	28193m²
地上建筑面积	15196m²	14182m²	14194m²	15325.09m²	16979m²
地下车库面积	9103m²	9114m²	8640m²	10512m²	11214m²
建筑占地面积	8903m²	8847m²	8640m²	12120m²	9000m²
建筑层数	2F/-1F	3F/-1F	3F/-1F	3F/-1F	3F/-1F
建筑高度	24m	20m	24m	24m	22.6m
候船厅座位	1200个	1010个	1030个	1250个	1100个
离港大厅	2068m²	1936m²	2094.4m²	2119.38m²	2900m²
到港大厅	1062m²	1562m²	1863.4m²	1537.5m²	2024m²
候船区	2578m²	1590m²	1253.53m²	2590m²	2263m²
票务换牌	362m²	443m²	330.35m²	510m²	300m²
行包托运	402m²	570m²	745.05m²	530m²	434m²
安检区	502m²	519m²	735m²	359.41m²	730m²
集散厅	965m²	891m²	735m²	730m²	1060m²
办公区	1439m²	1453m²	2000.54m²	2180m²	1272m²
设备横移区	941m²	840m²	860m²	840m²	970m²
贵宾候船区	2007m²	1195m²	604.23m²	458.8m²	780m²
商业区	610m²	900m²	717.43m²	1290m²	1732m²
设备用房	2260m²	2283m²	2254.97m²	2180m²	2514m²
小车车位	195个	115个	186个	149个	178个
大巴车位	20个	20个	21个	10个	27个

将理论模型应用到建筑实践，一方面通过更加科学的设计过程对实践项目进行指导，更重要的是能通过实践项目，发现理论模型的优点与缺点，并对缺点进一步实现优化，这是一个交互循环的过程。

本章结合广阳岛邮轮母港码头客运大楼概念设计对 QEM^{BDP} 模型进行了应用与检验。首先对项目背景有关的区位、城市格局以及广阳岛的未来规划进行了分析与解读；然后通过多方面的资料收集、NVivo 软件管理与分析进行了基础质性研究，资料收集的内容广泛，包括气候基础条件、场地周边信息、经典码头实例、重庆滨江建筑与空间、被动式设计措施等，最终总结出了项目面临的机遇与挑战、项目定位等；第三，对设计模式进行了探讨，并深入介绍了五个方案的生成过程，以及生成过程中的关键环节；第四，通过过程设计、质性评价问题体系建立、信息的收集与转译、评价结果分析与检验等进行了质性评价；最终结合技术经济指标以及投资估算等量化评价方法进行了最优方案选择。

6 展　　望

6.1 QEM^{BDP}模型的应用潜力

QEM^{BDP}模型不仅是对传统建筑设计方法的优化，更是对建筑设计工具体系的更新，从建筑设计在经济条件下处理"人-建筑-环境"理念的四个角度来讲，QEM^{BDP}模型都有非常大的应用潜力。

1. 人的角度

通过对在质性评价相关文献的综述，可以清晰地发现，目前排在前五位的主要是卫生服务、心理学、公共环境卫生、教育学、儿科等学科，都是与"人"有着密切关系的学科，而建筑设计所要处理的关键问题中包含"人与建筑""人与环境"等。所以，随着建筑学学科的不断发展，质性评价将会得到广泛应用。在自然科学、工程类学科领域，已经不仅局限于纯粹的技术性发展，更重要的是这些领域对技术与人的关系愈发关注。

2. 建筑的角度

在建筑设计过程中存在质与量两种要素是不争的事实，量化评价基本对应"量"的要素，而"质"的要素中可评价的部分对应质性评价。在设计早期，对与建筑相关的"质性"要素进行评价的积极意义越来越明显，并且逐渐引起建筑师的注意。QEM^{BDP}模型回应了在建筑设计过程的早期对设计策略进行评价对于建筑节能以及创造人们良好的生活环境的意义。

3. 环境的角度

"将环境作为主体"是可持续发展目标确立以来一直广受关注的课题，QEM^{BDP}模型体现了人们将环境作为主体的价值观，"环境"并不能自言，但是建筑师作为"人-建筑-环境"关系的缔造者应该树立环境价值观，从环境的角度思考问题，发现环境对建筑、人的新要求，推进实现可持续发展目标。

4. 经济的角度

人、建筑、环境、经济这几个要素之间是互相联系、互相影响的，建筑设计作为处理这几个要素间关系最直接的手段，优化建筑设计方法极为重要，本书将越来越受到关注的质性评价方法引入到建筑设计方法是对各要素对应价值提升的正面回应，旨在提高整体价值。

6.2 后续研究

建筑师与建筑使用者之间的知识储备是不对等的，从某种程度上说，建筑设计是建筑师在技术基础上对使用者行为方式与规律的合理组织，通过质性研究探索这些方式与规律、弥补知识不对等导致的设计误差是极佳的选择。本书创新性地以设计研究（design of research）的视角，将社会科学的成熟研究方法质性研究与质性评价融入建筑设计过程，并将其析出深入研究，进而再次整合并提出 QEM^{BDP}模型，这仅仅是一个开始。在当前实践背景下，为了进一步提升建筑师的质性研究与评价意识、并将其主动融入设计过程，还需展开大量的后续研究。

6.2.1 QEM^{BDP}模型如何更清晰地表达"质"向"量"的过渡

"好的判断源自经验，但不幸的是，经验源于失败的判断"。[1] 由此可

---

① 匿名，引自《项目评价与绩效测量：实践入门》，P334

见，建立经验与判断的关系是建筑设计过程中提高质性评价结果转化率的关键。建筑从有到无是一个由"质"到"量"的过程，那么如何有效地进行转化？在QEM^{BDP}模型中提到了一种方法，即是建立建成环境评价与过程中评价的关系，但是由于时间及工程实践的限制没能对方法进行检验，所以这将是今后对质性评价进行研究及建筑设计方法优化的重要课题（图6.1）。

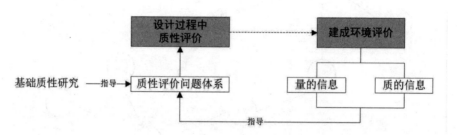

图 6.1　建成环境评价与设计过程中评价"质性"关系建立的设想

6.2.2　QEM^{BDP}模型如何建立与数字化设计的关系

谈及质性相关的知识，有些人会觉得与数字化设计比较遥远，关键词"描述"（Description）可以将这两个不怎么相关的领域联系起来（图6.2）。具体来说，质性研究及评价与数字化设计有个共同的关键词"描述"（魏力恺等 2012）。数字化建模思想可以追溯到二十世纪七十年到BIM之父伊斯特曼（Eastman）提出的"建筑描述系统"（Building Description System）（Eastman C.，1975），以及八十年代荷兰学者提出的"产品信息模型"（Product Information Model），可见"描述"的重要作用。

虽然国内对参数化建模（Parametric Modeling）、建筑数字技术起步较晚，甚至有一些误读，但是近年数字化实践相关建筑师及学者在思想层面已经有了较为成熟的建构。所以，QEM^{BDP}模型中强调质性评价的介入，正是对数字化设计思想建构的回应，在未来有着较大的研究前景。

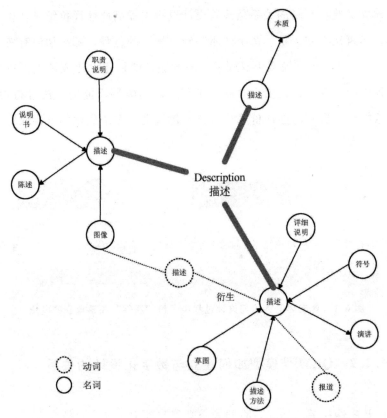

图 6.2　Visuwords™ 在线图表词典中对"Description"的图形描述

来源：译自 Visuwords™ 官网 http://www.visuwords.com/

6.2.3　QEM^BDP 模型如何适应未来建筑设计趋势

近年来，建筑界的未来主义①倾向日渐明显，也有着加速发展的趋势，因为人们的生活环境正在发生变化，并且这变化有加速的趋势，近年也出现了一系列被大家公认的未来主义倾向的建筑设计作品（图 6.3）。

---

①　未来主义是产生于 20 世纪的艺术思潮，随之而来的是文化界各领域的冠以"未来主义"名称的宣言纷纷发表。1914 年 7 月，意大利年青的建筑师圣伊里亚发表了《未来主义建筑宣言》，激烈批判了复古主义，认为："历史上建筑风格的更迭变化只是形式的改变。因为人们生活环境没有发生深刻改变，而现在这种改变却出现了……"，以上引自百度百科。

面对纷杂的未来主义设计流派，建筑师摆正自己的位置、明确迫切需要处理的矛盾尤为重要（黎宁，2012），但是这些能称得上未来主义的设计作品都是从"人"与"环境"和谐相处的角度出发的。

"从人类学理论看，人类的发展尽管有长期的停顿和时常的倒转，一般还是把新时代的文明人引向比他们的粗野祖先所过的那种生活更为文明和更加幸福的生活，人类一直在变化、在进步，从不自觉的进步期转到了自觉的进步期"（爱德华·B·泰勒 著，连树生 译，2004）。人类对未来的愿景与预测是人类社会不断自觉进步的原动力。

图 6.3 冻土之城

来源：http：//www.evolo.us/Honorable Mention，2012 Skyscraper Competition；Pavel Sipkin，Russia

未来的建筑将越来越重视与人、环境的关系，探求人类对生活和精神的不断追求与应对现实问题的技巧与能力是相关研究人员的重要责任，建筑师更责无旁贷；未来建筑将比现在进行的建筑设计更具前瞻性，所以要求建筑师应该以动态发展的眼光做设计、看世界，并将其立足于科学技术发展的基础之上；在信息化大发展的背景之下，未来建筑设计的趋势也将在此基础上汲取营养。

6.2.4 质性评价与被动式设计的整合机制

针对当前建筑普遍存在的高能耗状态，如何有效地在降低能耗的前提下提供相对舒适的建筑空间，是建筑设计理论研究发展进程中必须面对的课题。不可再生资源急剧减少，可再生能源却没有得到最有效利用，人们对主动式设备过于依赖，被动式设计的潜力有待进一步挖掘。其中，建筑与气候之间的适应关系成为研究的关键，也是探讨绿色建筑、生态建筑以及可持续建筑等概念的核心内容之一。但在影响节能与空间舒适度最为关键的建筑设计层面，相关研究并未得到充分的深入，质性评价将是优化被动式设计方法的有力工具。

综上，QEM^{BDP}模型中质性研究及评价的应用，将督促建筑师保持发展的眼光看社会、环境的动态发展，设计出适宜性建筑，QEM^{BDP}模型的优化是一件长期而艰巨的任务。

在未来，全球环境仍是变幻莫测，建筑设计需要在变幻的环境中挖掘"人-建筑-环境"的深层关系。建筑师将质性思维融入设计过程，通过基础质性研究与质性评价，可以更好地理解建筑设计的深层要义，继续优化设计方法。能为"人-建筑-环境"和谐相处贡献一份力量，是作者的一点心愿，希望能与同仁们共勉。

参考文献

（美）艾尔维森，（美）舍尔德贝里，2009. 质性研究的理论视角：一种反身性的方法论［M］.陈仁仁，译.重庆：重庆大学出版社.

（英）爱德华·B·泰勒，2004. 人类学［M］.连树生，译.南宁：广西师范大学出版社.

（英）保拉·萨西，2011. 可持续性建筑的策略［M］.徐燊，译.北京：中国建筑工业出版社.

（美）保罗·拉索，2002. 图解思考［M］.邱贤丰，刘宇光，郭建青，译.北京：中国建筑工业出版社.

北京方亮文化传播有限公司，2008. 世界绿色建筑设计［M］.北京：中国建筑工业出版社.

北京市勘察设计与测绘管理办公室，2013. 绿色建筑设计标准［S］.北京：中国建筑工业出版社.

（德）贝林，2008. 建筑与太阳能——可持续建筑的发展演变［M］.上海现代建筑设计（集团）有限公司，译.大连：大连理工大学出版社.

（英）彼得·F·史密斯，2009. 适应气候变化的建筑——可持续设计指南［M］.邢晓春，译.北京：中国建筑工业出版社.

（澳）彼得·格雷汉姆，2008. 建筑生态学［M］.北京：中国建筑工业出版社.

（英）勃罗德彭特，1990. 建筑设计与人文科学［M］.张韦，译.北京：中国建筑工业出版社．

（美）布莱恩·爱德华兹，2011. 绿色建筑 ［M］．朱玲，郑志宇，译．沈阳：辽宁科学技术出版社．

陈波等编著，1989. 社会科学方法论 ［M］．北京：中国人民大学出版社．

陈向明，2000. 质的研究方法与社会科学研究 ［M］．北京：教育科学出版社．

陈向明，2003. 在行动中学作质的研究 ［M］．北京：教育科学出版社．

陈向明，2004. 如何成为质的研究者——质的研究方法的教与学 ［M］．北京：教育科学出版社．

陈向明，2006. 社会科学研究：方法评论 ［M］．重庆：重庆大学出版社．

陈向明，2010. 质性研究：反思与评论（第贰卷）［M］．重庆：重庆大学出版社．

褚冬竹，2012. 关于过程的实验 ［J］．建筑知识，3：80.

褚冬竹，2012. 可持续建筑设计生成与评价一体化机制 ［D］．重庆：重庆大学．

（英）大卫·劳埃德·琼斯，2006. 建筑与环境——生态气候学建筑设计 ［M］．北京：中国建筑工业出版社．

戴志中，杨震，熊伟，2006. 建筑创作构思解析——生态·仿生 ［M］．北京：中国计划出版社．

（法）多米尼克·高辛·米勒，2008. 可持续发展的建筑和城市化——概念·技术·实例 ［M］．邹红燕，邢晓春，译．北京：中国建筑工业出版社．

范明林，吴军，2009. 质性研究 ［M］．上海：格致出版社．

（美）弗瑞德·A·斯迪特，2008. 生态设计——建筑·景观·室内·区域可持续设计与规划 ［M］．汪芳，吴冬青，康华，郁秀峰，译．北京：中国建筑工业出版社．

（美）格雷斯，2008. 如何成为质性研究专家 ［M］．北京：人民邮电出版社.

耿化民,华超,2011.基于运筹学思想的建筑设计方法研究 [J].四川建筑科学研究,37 (5):257-261.

郭玉霞,2009.质性研究资料分析:NVivo8 活用宝典 [M].台北:高等教育文化事业有限公司.

韩冬青,1996.浅析建筑设计活动的程序机制 [J].同济大学学报,24 (5):586-587.

韩晓峰,韩冬青,2008.建筑设计作品分析与建筑设计过程中的分析之比较 [J].建筑学报,9:18-19.

(美) 赫伯特·A·西蒙,1987.人工科学 [M].武夷山,译.北京:商务印书馆.

胡越,2012.建筑设计流程的转变 [M].北京:中国建筑工业出版社.

黄凌江,兰兵,2011.从地域性到可持续——国外乡土建筑气候适应性研究的发展与启示 [J].建筑学报,5:103-107.

黄志斌,刘志峰,2004.当代生态哲学及绿色设计方法论 [M].合肥:安徽人民出版社.

景天魁,1994.现代社会科学基础——定性与定量 [M].北京:中国社会科学出版社.

黎宁,2012.当今建筑设计领域的未来主义倾向与思考 [J].建筑学报,9:13-19.

李道增,王朝晖,2000.迈向可持续建筑 [J].建筑学报,12:4-8.

李晓凤,佘双好,2006.质性研究方法 [M].武汉:武汉大学出版社.

栗德祥,2009.生态设计之路——一个团队的生态设计实践 [M].北京:中国建筑工业出版社.

连燕华,马晓光,1999.评价过程分析模型探讨 [J].研究与发展管理,3:1-5.

连燕华,马晓光,2000.评价要素系统结构分析及模型的建立 [J].研究与发展管理,4:17-20,44.

连燕华，马晓光，2002. 试论科学研究评价的标准 [J]. 研究与发展管理，1：63—68.

刘抚英，2013. 绿色建筑设计策略 [M]. 北京：中国建筑工业出版社.

刘加平，董靓，孙世钧，2010. 绿色建筑概论 [M]. 北京：中国建筑工业出版社.

刘加平，2010. 绿色建筑概论 [M]. 北京：中国建筑工业出版社.

刘启波，周若祁，2003. 绿色住区综合评价指标体系的研究 [J]. 新建筑，01.

刘启波，周若祁，2007. 绿色住区综合评价方法与设计准则 [M]. 北京：中国建筑工业出版社.

刘士铎，1989. ELECTRE 多因素决策方法及程序在建筑设计方案选优中的应用 [J]. 基建优化，06.

刘士铎，1995. 居住小区综合评价的 AHP 模型 [J]. 西北建筑工程学院学报.

刘先觉，2009. 生态建筑学 [M]. 北京：中国建筑工业出版社.

马景忠，2003. 中日两国建筑设计程序的比较 [J]. 建筑学报，8：67—68.

（美）迈尔斯，（美）休伯曼，2008. 质性资料的分析：方法与实践 [M]. 张芬芬，译. 重庆：重庆大学出版社.

（美）麦克斯威尔，2008. 质性研究设计 [M]. 陈浪，译. 北京：中国轻工业出版社.

（美）麦勒维尔，（美）穆勒，2010. 绿色建筑底线——可持续建筑的持续成本 [M]. 段艳，沈白莲，陈志莹，译. 沈阳：辽宁科学技术出版社.

蒙小英，1995. 住户参与设计过程的基本模型建构 [J]. 新建筑，5：10—12.

（美）纽曼，（美）克罗伊格，2008. 社会工作研究方法：质性和定量方法的应用 [M]. 刘梦，译. 北京：中国人民大学出版社.

彭一刚，2008. 建筑空间组合论（第三版）[M]. 北京：中国建筑工业出版社.

（美）乔金森，2009. 参与观察法 ［M］.龙筱红，张小山，译.重庆：重庆大学出版社.

（英）乔纳森·格里斯，2011. 研究方法的第一本书 ［M］.孙冰洁，王亮，译.大连：东北财经大学出版社.

秦佑国，2007. 中国绿色建筑评估体系研究 ［J］.建筑学报，3：68—71.

秦越存，2001. 价值评价是一种特殊的认知活动 ［J］.哲学与文化，3：3—6.

秦越存，2002. 价值评价的本质 ［J］.学术交流，2：1—6.

邱均平，文庭孝，2010. 评价学：理论·方法·实践 ［M］.北京：科学出版社.

（美）塞德曼，2009. 质性研究中的访谈：教育与社会科学研究者指南 ［M］.周海涛，译.重庆：重庆大学出版社.

（美）沙拉·B·莫瑞姆，2011. 质性研究：设计与施作指南 ［M］.颜宁，译.台中：五南图书出版股份有限公司.

沈驰，2011. "建筑"行为——绿色建筑的空间设计策略 ［J］.建筑学报，3：93—98.

谭秉荣，2005. 论经验与天真 ［J］.时代建筑，3：46—51.

唐晓群，2003. 科学研究评价标准的探讨 ［J］.科技与经济，1：41—44.

田利，2005. 建筑设计基本过程研究 ［J］.时代建筑，（3）：73—74.

魏力恺，张颀，许蓁，等，2012. 走出狭隘建筑数字技术的误区 ［J］.建筑学报，9：1—6.

文军，蒋逸民，2010. 质性研究概论 ［M］.北京：北京大学出版社.

（德）伍威·弗里克，2011. 质性研究导引 ［M］.孙进，译.重庆：重庆大学出版社.

（英）希尔弗曼，2009. 如何做质性研究 ［M］.李雪，张劼颖，译.重庆：重庆大学出版社.

徐从淮，1995. 建筑设计过程 ［J］.时代建筑，4：56—57.

（法）薛杰，2006. 可持续发展设计指南 [M]. 北京：清华大学出版社.

杨茂盛，1989. 利用多层次分析法对住宅建筑技术经济效果的评价及选优 [J]. 基建优化，06.

尹培如，陈荣彬，2012. 从"更少获取更多"到设计价值图研究 [J]. 建筑学报，9：7—12.

（美）尤德森，2011. 绿色建筑集成设计 [M]. 姬凌云，译. 沈阳：辽宁科学技术出版社.

翟炳博，杜小辉，2011. 基于设计过程的图解研究——武汉小天池旅馆设计 [J]. 华中建筑，1：67—71.

张国强，尚守平，徐峰，2009. 可持续建筑技术 [M]. 北京：中国建筑工业出版社.

张钦楠，1998. 建筑设计方法学 [M]. 西安：陕西科技出版社.

张彤，2003. 整体地区建筑 [M]. 南京：东南大学出版社.

张彤，2009. 绿色北欧——斯堪的那维亚半岛的生态城市与建筑 [M]. 南京：东南大学出版社.

赵红斌，王琰，徐健生，2012. 典型建筑创作过程模式研究 [J]. 西安建筑科技大学学报：自然科学版，44（1）：77—81.

邹燕青，2010. 聚集专家资源 发挥专业优势：中国绿色建筑与节能委员会专业学组发展 [J]. 建筑科技，6：26—28.

Dili A S, Naseer M A, Varghese T Z, 2011. Passive control methods for a comfortable indoor environment：Comparative investigation of traditional and modern architecture of Kerala in summer [J]. Energy and Buildings，43：653—664.

Deif A M, 2011. A system model for green manufacturing [J]. Journal of Cleaner Production，19：1553—1559.

Bazeley P, 2007. Qualitative data analysis with NVivo [M]. Los Angeles：Sage.

Bogdan R C, Biklen S K, 2003. Qualitative research for education

(4th ed.) [M]. Boston: Allyn & Bacon.

Bogdan R C, Biklen S K, 2007. Qualitative research for education: An introduction to theories and methods [M]. Boston: Pearson.

Camilla B, Heiselberg P, Knudstrup M A, Tine S L, 2012. Evaluation of the Indoor Environment of Comfort Houses: Qualitative and Quantitative Approaches [J]. Indoor Built Environment, 21: 432−451.

Corbin J, Strauss A, 2007. Basics of qualitative research: Techniques and procedures for developing grounded theory (3rd ed.) [M]. Thousand Oaks, CA: Sage.

Cresswell J W, 2007. Qualitative inquiry & research design (2nd ed.) [M]. Thousand Oaks, CA: Sage.

Crotty M, 1998. The foundations of social research [M]. London: Sage.

Hamilton D K, 2008. Evidence−Based Design for Multiple Building Types [M]. John Wiley&Sons, Inc.

Shek D T L, Tang V M Y, Han X Y, 2005. Evaluation of Evaluation Studies Using Qualitative Research Methods in the Social Work Literature (1990−2003): Evidence That Constitutes a Wake−Up Call [J]. Research on Social Work Practice, 15: 180−194.

Denzin N K, Lincoln Y S, 2002. Handbook of qualitative research (2nd ed.) [M]. Thousand Oaks, CA: Sage.

Denzin N K, Lincoln Y S, 2003. The discipline and practice of qualitative research [M]. Thousand Oaks, CA: Sage.

Denzin N K, Lincoln Y S, 1994. Handbook of qualitative research [M]. Thousand Oaks, CA: Sage.

Dezin N K, Lincoln Y S, 2005. The Sage handbook of qualitative research (3rd ed.) [M]. Thousand Oaks, CA: Sage.

Dezin N K, 1978. The research act: A theoretical introduction to sociological methods （2nd ed.）[M]. New York: McGraw—Hill.

Eastman C, 1975. The Use of Computers Instead of Drawings [J]. AIA Journal, 3: 46—50.

Geertz C, 1973. The Interpretation of cultures [M]. New York: Basic Books.

Geertz C, 1973. Deep Play: Notes on the Balinese Cockfight. In C. Geertz （Ed.） The interpretation of Cultures [M]. New York: Basic Books.

Geertz C, 1983. Local Knowledge: Further Essays in Interpretative Anthropology [M]. New York: Basic Books.

Geoffrey B, 1988. Design in Architecture: Architecture and the Human Sciences [M]. London: David Fulton Publishers Ltd.

Glaser B G, Strauss A, 1967. The discovery of grounded theory [M]. Chicago: Aldine.

Guba E, Lincoln Y, 1981. Effective evaluation [M]. San Francisco: Jossey—Bass.

Janssen H, Roels S, 2009. Qualitative and quantitative assessment of interior moisture buffering by enclosures [J]. Energy and Buildings, 41: 382—394.

Husserl E, 1970. The crisis of European sciences and transcendental phenomenology [M]. Evanston, IN: North University Press.

Ian G R S, 1999. (Introducing Qualitative Methods Series) Qualitative Evaluation [M]. SAGE Publications Ltd.

James C M, Laura R L H, 2006. Program evaluation and performance measurement: An introduction to practice [M]. California: Sage Publication, Inc.

Jeane W A, 2004. Quality in Qualitative Evaluation: Issues and Possible Answers [J]. Research on Social Work Practice, 14: 57—65.

Jonassen D H，Hernandez S J，2002. Case—based reasoning and instructional design：Using stories to support problem solving [J]. Educational Technology Research and Development，50 (2)：65—77.

Lynch K B，1983. Qualitative and Quantitative Evaluation：Two Terms in Search of a Meaning [J]. Educational Evaluation and Policy Analysis，5 (4)：461—464.

Lincoln Y S，Denzin N K，2005. Epilogue：The eighth and ninth moments—Qualitative research in/and the fractured future. In N. K. Denzin& Y. S. Lincoln (Eds.)，The Sage handbook of qualitative research (3rd ed.) [M]. Thousand Oaks，CA：Sage.

Lincoln Y S，Guba E G，1985. Naturalistic inquiry [M]. Thousand Oaks，CA：Sage.

Marija S T，Kim J T，2012. Buildings energy sustainability and health research via interdisciplinarity and harmony [J]. Energy and Buildings，47：12—18.

Maxwell J，1996. Qualitative Research Design：An Interactive Approach [M]. Thousand Oaks：Sage.

Miles M B，Huberman A M，1994. Qualitative data analysis：An expanded sourcebook. (2nd ed.) [M]. Thousand Oaks，CA：Sage.

Miller W L，Crabtree B F，1992. Primary Care Research：A Multimethod Typology and Qualitative Road Map. In Crabtree& Miller (Eds.) Doing Qualitative Research [M]. Newbury Park：Sage.

Patton M Q，1990. Qualitative research and evaluation methods (1st ed.) [M]. Thousand Oaks，CA：Sage.

Patton M Q，2002. Qualitative research and evaluation methods (3rd ed.) [M]. Thousand Oaks，CA：Sage.

Fuller R B，1938. Nine Chains to the Moon [M]. New York：Anchor Books，1971：252—259.

Priya R S, Sundarraja M C, Radhakrishnan S, Vijayalakshmi L, 2012. Solar passive techniques in the vernacular buildings of coastal regions in Nagapattinam, TamilNadu—India—a qualitative and quantitative analysis [J]. Energy and Buildings, 49: 50—61.

Richards L, 2005. Handling qualitative data [M]. London: Sage.

Royce D, Thyer B T, Padgett D K, Logan T K, 2001. Program evaluation: An introduction (3rd ed.) [M]. Pacific Grove, CA: Brooks/Cole.

Schatzman L, Struass A L, 1973. Field research [M]. Englewood Cliffs, NJ: Prentice Hall.

Schwandt T A, 1987. Qualitative inquiry: A dictionary of terms [M]. Thousand Oaks, CA: Sage.

Tedlock B, 2000. Ethnography and ethnographic representation. In N. K. Denzin & Y. S. Lincoln (Eds.), Handbook of qualitative research (2nd ed.) [M]. Thousand Oaks, CA: Sage.

Tesch R, 1990. Qualitative research : Analysis types and software tools [M]. New York: Falmer.

Thomas O, Staffan A, Sjogren J U, 2009. Building energy parameter investigations based on multivariate analysis [J]. Energy and Buildings, 41: 71—80.

附　　录

A. 某商务办公综合楼概念设计质性
评价中资料反馈举例

A-2 某商务办公综合楼概念设计质性评价中的第一次资料反馈－TL

资料来源：童琳；时间：2011 年 11 月 6 日

类型	要素层	问题层
研究 （1）	——	1.1 你是否参与了项目概念设计之前的质性研究？参与了哪一部分的资料收集？如何收集的？ 参与； 主要收集关于企业文化以及现代企业总部的建筑形象； 主要通过网络收集。
	——	1.2 你对办公楼以及 5 个方案了解多少？你对 5 个方案是如何生成的是否非常了解？ 方案 1 着重营造围合式庭院，创造出一种区别于城市喧闹的幽静； 方案 2 中厅走廊，一种可供内部人员交流和休闲的大空间； 方案 3 强调城市肌理，顺应城市的轴线以融入城市生活； 方案 4 通过对贝壳的形态提炼，创造美感的同时也意指出该建筑的服务类别； 方案 5 通过对场地的退让形成大广场，为城市提供活动空间。 比较了解。

类型	要素层	问题层
人 （2）	使用者	2.1每个方案的室内舒适程度如何？ 方案1的围合布局使得内部人员较少受到外部的干扰，同时享有庭院，具有很强的舒适性； 方案2的过街走廊能为内部人员提供一种可交流的区域，舒适性好，相比较方案一缺少内部外环境； 方案3顺应轴线布局，日照通风良好； 方案4由螺旋空间围合成半庭院，有很好的隔离效果，但内部各部门之间的交流不方便，且光照和庭院的可达性不高； 方案5的广场有很好的凝聚性，但内部太过拥挤，缺少一个"窗口"。
	业主	2.2每个方案对企业文化的体现情况如何？根据以往设计经验，各方案的经济性如何？ 方案1强调小环境的塑造，强调以人为本，注重公司员工的办公舒适性和工作效率，同时充分利用了场地，造价一般； 方案2也注重员工的办公环境，但相比较用地条件，缺少外部环境的引入； 方案3通过对城市轴线的顺应，突出体现个人服从集体的思想，企业是城市的一份子； 方案4用醒目的造型彰显出企业的活力和朝气，造价略高； 方案5为城市大环境考虑，在有限的场地内留出休闲空间，体现为人民服务的谦虚精神。
	政府	2.3每个方案中具有示范性的设计策略有哪些？ 方案1和方案2的为内部人员的办公环境的细致考虑； 方案3和方案的大局设计观念； 方案4的地标观赏性。
	建筑师	2.4能否感觉到每个方案设计师的设计思路，如何？ 方案1设计师为了营造一种内部远离喧嚣的环境，从围合场地开始，进行初步考虑； 方案2的设计师将一个臃肿的整体一分为二，加强内部人员的交流； 方案3从城市轴线上入手，布置建筑的朝向和入口； 方案4从企业类型思考，衍生出独特的造型； 方案5从城市的拥挤考虑，而退让出具有重要意义的前广场。
建筑 （3）	空间与 功能	3.1每个方案的室内外交通组织是否合理？有何调整的建议？ 方案1和方案2大体相同，缺少足够的广场空间 方案3由于顺应轴线，导致建筑入口和道路错位； 方案4室内流线没有交叉，使用略不便； 方案5的室内外交通组织方便。

类型	要素层	问题层
	视觉状态与地域文化传承	3.2 每个方案的建筑风格是否符合所处环境？ 方案1、方案2和方案5适用广泛；方案3融入城市轴线的概念，略胜一筹；方案4单从设计概念出发，能够很好地融入企业文化，但没有考虑周围的环境。
	技术	3.3 每个方案都应用了哪些合理的被动式建筑设计策略？ 方案1庭院，利于通风、防噪声等； 方案2设置中厅，一方面利于通风，另一方面加强各功能之间的联系； 方案3设置屏障隔绝噪音，并起到遮阳效果； 方案4设置半开敞庭院； 方案5减小体量系数。
环境（4）	用地外环境	4.1 每个方案对城市主导风向和自然采光条件的利用情况如何？ 方案1、方案2和方案5利用相当； 方案3由于顺应城市轴线，而最大化利用日照通风； 方案4的螺旋状造型相比较矩形，不能使得内部空间日照最大化。 4.2 每个方案在噪声回避方面做了哪些考虑？ 方案1、方案2和方案4设置围合庭院或中厅走廊，较好地隔离噪声，方案3和方案5没有在建筑体形上有所考虑。
	资源与材料	4.3 每个方案有没有考虑低环境负荷材料的应用？ 方案1，2，3，5均采用传统建材，减少玻璃等的使用。
	基地环境	4.4 对场地内生物环境的维持有何考虑？ 方案1—4处理得都可以。
评价（5）	——	5.1 你觉得哪些方案比较适合发展？它（们）的优点是什么？ 方案1在于把办公环境舒适最优化；方案4重点体现建筑造型，一张很好的城市和企业名片。
	——	5.2 你觉得哪些方案不适合发展？它（们）的缺点是什么？有没有调整的建议？ 方案5虽然退让做出大广场，但建筑本身要求的容积率不高，牺牲了太多的内部环境获取很少的外部环境。
	——	5.3 你对整个项目的推进优化有什么样的建议？如果让你重新设计一个方案，你会做出什么样的改变？ 结合方案1和方案4，在突出企业形象的同时使得人员办公舒适性最大化。
	——	5.4 除了这五个方案中所应用的适宜性策略，还有没有其它的？ 5.5 还有没有其他意见？ 无

B. 广阳岛邮轮母港码头客运大楼概念设计质性评价中资料反馈举例

B-1 码头客运大楼概念设计质性评价中的第一次资料反馈-FY

资料来源：傅媛 ；时间：2012 年 12 月 1 日

类型	要素层	问题层
研究 (1)	——	1.1 你是否参与了项目概念设计之前的质性研究？参与了哪一部分的资料收集？如何收集的？ 有参与；相关类型经典建筑案例的收集与分析，码头客运大楼功能与流线的分析； 主要通过网络与书籍收集。
	——	1.2 你对客运大楼以及 5 个方案了解多少？你对 5 个方案是如何生成的是否非常了解？ 参与了方案 1 的设计，以及其它方案的讨论。
机遇 (2)	基地位置 显赫	2.1 每个方案是如何利用"基地位置显赫"这一机遇的？ 方案 1 造型设计中融入门户形象来迎接游客； 方案 2 利用江岸设计"乘风破浪"标志立于码头之端； 方案 3 敞开建筑立面，最大程度面向江面； 方案 4 最大程度地靠近江岸，形体生长，融入原生自然； 方案 5 最大程度地靠近江岸，融合"天圆地方"的自然韵律，立于码头尖端，建筑与大地万物浑沦一气。
	景观视野 开阔	2.2 每个方案是如何利用"景观视野开阔"这一机遇的？ 方案 1 结合建筑功能，合理设置室外景观平台，并融合圆润建筑形体，搭接出景观拱廊； 方案 2 合理设计建筑层高，利用靠江的屋顶平台，设置景观屋面平台； 方案 3 结合建筑寓意，挖出建筑凹槽，形成多个维度的曲面室外观景平台； 方案 4 突起建筑局部，创造多向多层光景休息厅； 方案 5 利用形体变化，设计景观室与室外庭院。
	项目定位 高端	2.3 每个方案是如何利用"项目定位高端"这一机遇的？ 方案 1 采用流动曲面； 方案 2 形体变化，似"船"形屹立江岸； 方案 3 方形体型中呈现流动趣味空间与功能结合缜密； 方案 4 扭转形体局部成溶洞状； 方案 5 特色表皮。

类型	要素层	问题层
挑战（3）	项目基地与水面高差大	3.1 每个方案是如何解决项目基地与水面高差大之间的矛盾的？有何调整的建议？ 方案1—5均立于最高水位之上，与水面间距离做台阶式景观，用可伸缩扶梯解决游客上下船。
	基地面积有限与功能需求的矛盾	3.2 每个方案是如何解决在有限基地面积内满足功能需求的问题的？有何调整的建议？ 方案1—3通过合理组织人流、设置建筑层数等措施满足需求；方案4—5采用部分架空的方式。
	区域对环境的高品质需求	3.3 每个方案是如何应对这一挑战的？有何调整的建议？ 方案1—5均合理安排进站和出站道路设置，合理安排建筑与水面间景观设计。
定位（4）	标志性	4.1 每个方案的标志性体现在哪些方面？ 方案1门户形象，曲面形体； 方案2"船"形寓意； 方案3曲面景观台； 方案4扭转形体局部层层而上； 方案5先进不规则表皮。
	实用性	4.2 每个方案的实用性体现在哪些方面？ 方案1空间大气顺畅，流动富有个性，巧妙生成空中景观廊道； 方案2空间紧凑； 方案3流线巧妙，功能与休闲相结合； 方案4观景中庭廊道，多方向观景； 方案5空间方整，面积宽裕，流线畅通，结合形体设置院落。
	契合性	4.3 每个方案的契合性体现在哪些方面？ 方案1契合重庆门户形象； 方案2契合码头船形； 方案3契合重庆历史衍射出流动景观平台； 方案4契合自然地形，建筑融合大地； 方案5融合"天圆地方"。
	超前性	4.4 每个方案的超前性体现在哪些方面？ 方案1形体如"玉"，曲面圆润，空间大气，一气呵成； 方案2船形象与功能结合； 方案3三向曲面景观平台； 方案4形体扭转而上； 方案5表皮。

类型	要素层	问题层
被动式 (5)	朝向与布局	5.1 每个方案在建筑主体朝向与布局方面采取了哪些有效策略？ 方案1—5的功能布局均顺应码头建筑流线要求，并把建筑休息空间朝向江面。
	建筑遮阳	5.2 每个方案在建筑遮阳方面采取了哪些有效策略？ 方案1形体变化并使用可控开窗； 方案2合理布置开窗； 方案3合理布置开洞； 方案4合理布置开窗； 方案5合理布置开窗。
	自然通风	5.3 每个方案在自然通风方面采取了哪些有效策略？ 方案1顺应风向抬起面向江面体量，合理开窗，使风自然流通建筑； 方案2建筑形体转向，自然风贯穿； 方案3建筑中间馅入，将风灌入； 方案4中庭拔风； 方案5合理开设庭院。
	自然采光	5.4 每个方案在自然采光方面采取了哪些有效策略？ 方案1建筑墙体与屋顶合成一体，窗洞结合功能与造型合理分布； 方案2建筑虚实结合； 方案3通过形体凹陷玻璃体，使建筑通透； 方案4天窗穿插结合建筑开窗； 方案5合理开窗。
评价 (6)	——	6.1 你觉得哪些方案比较适合发展？它（们）的优点是什么？ 方案1富有标志性，空间流动清晰，造型大气。
	——	6.2 你觉得哪些方案不适合发展？它（们）的缺点是什么？有没有调整的建议？ 每个方案都具有适合码头建筑的特点和各自的设计亮点，加强与重庆文化的联系会更加出彩。
	——	6.3 你对整个项目的推进优化，有什么样的建议？如果让你重新设计一个方案，你会做出什么样的改变？
	——	6.4 除了这五个方案中所应用的适宜性策略，还有没有其它的？ 6.5 还有没有其他意见？

B—5 码头客运大楼概念设计质性评价中的第一次资料反馈—GS

资料来源：高澍；时间：2012 年 12 月 7 日

类型	要素层	问题层
研究 （1）	——	1.1 你是否参与了项目概念设计之前的质性研究？参与了哪一部分的资料收集？如何收集的？ 参与了； 项目概念设计前期的造型资料收集； 以网络资源为主，同时参考客运港相关书籍。
	——	1.2 你对客运大楼以及 5 个方案了解多少？你对 5 个方案是如何生成的是否非常了解？ 对方案 5 非常了解，其他四个方案比较了解。
机遇 （2）	基地位置 显赫	2.1 每个方案是如何利用"基地位置显赫"这一机遇的？ 方案 1 流线型具有动感的造型，使得建筑极具未来感与标志性； 方案 2 建筑造型舒展，仿若破浪乘风的大船，诚迎到港游客； 方案 3 建筑造型集戏剧性与规整性于一体，展现了多样的建筑性格； 方案 4 建筑造型新颖，与周边天际线配合形成独具一格的城市轮廓； 方案 5 建筑体量简洁，对比鲜明，成为具有标志性的门户建筑。
	景观视野 开阔	2.2 每个方案是如何利用"景观视野开阔"这一机遇的？ 方案 1 采用出挑的室外平台，提供了良好的景观视野和休闲空间； 方案 2 面向江面的舒展的景观平台，提供了开阔的视野和舒适的等候休闲空间； 方案 3 二楼与等候大厅自然衔接的观景平台，为城市居民和游船乘客都提供了别样的观景体验； 方案 4 建筑造型特点与高度使得建筑具有良好的景观角度，俯视场地周边景观； 方案 5 建筑 3 层全景 360 度观景平台提供了开敞的景观与特色的等待空间。
	项目定位 高端	2.3 每个方案是如何利用"项目定位高端"这一机遇的？ 方案 1 利用独特造型营造高品位候船空间，同时提供休闲购物场所； 方案 2 利用独特造型营造高品位候船空间，同时提供休闲购物场所； 方案 3 从城市空间为着眼点，以城市花园为母体，营造高品质的候船及活动场地； 方案 4 利用建筑独特的造型，迎合人们的行为心理，设置多种休闲购物场所； 方案 5 全景观景平台为乘客提供极佳视野与购物体验的同时，营造屋顶绿化平台，为乘客提供更多的活动可能。

类型	要素层	问题层
挑战 （3）	项目基地与 水面高差大	3.1 每个方案的是如何解决项目基地与水面高差大之间的矛盾的？有何调整的建议？ 方案1景观平台与趸船通过自动扶梯相连； 方案2通过自动扶梯与趸船相连； 方案3通过自动扶梯与趸船相连； 方案4通过自动扶梯与趸船相连； 方案5扶梯深入到建筑内部，建筑、自动扶梯与趸船合为一体。
	基地面积有限 与功能需求的 矛盾	3.2 每个方案是如何解决在有限基地面积内满足功能需求的问题的？有何调整的建议？ 方案1利用形体优势，将到、离港集散功能布置在一层，将候船，购物，餐饮及办公功能集中布置在二、三层； 方案2利用形体优势，将到、离港集散功能布置在一层，将候船，购物，餐饮及办公功能集中布置在二层； 方案3利用形体优势，将到、离港集散功能布置在一层，将候船，购物，餐饮及办公功能集中布置在二层； 方案4利用形体优势，将到、离港集散功能布置在一层，将候船，购物，餐饮及办公功能集中布置在二、三层； 方案5利用形体优势，将到、离港集散功能布置在一层，将候船，购物，餐饮及办公功能集中布置在二层，将景观游览功能布置在三层。
	区域对环境的 高品质需求	3.3 每个方案是如何应对这一挑战的？有何调整的建议？ 方案1在满足功能要求的前提下，设置临江平台，提供高品质的候船空间以及景观廊道； 方案2利用建筑造型之便，围和出景观平台，提供高品质候船空间以及商业配套服务； 方案3以嵌入的手法将城市花园与候船大厅相结合，形成高品质的候船空间和观景平台； 方案4利用建筑造型特点，设置高品质的商业业态，为乘客提供更丰富的等候体验； 方案5绿色屋顶花园及360度全景观景平台创造了丰富的休闲候船活动场地，为乘客提供高品质的等候空间。
定位 （4）	标志性	4.1 每个方案的标志性体现在哪些方面？ 方案1流线感的造型； 方案2舒展的形体； 方案3对完整体块的穿插以及镶嵌形成的全新空间体验； 方案4如三峡石般的形体以及鲜明的天际线； 方案5环形体量与方形体量的鲜明对比，寓意天圆地方。

类型	要素层	问题层
	实用性	4.2 每个方案的实用性体现在哪些方面？ 方案1功能合理，流线清晰； 方案2功能合理，流线清晰； 方案3功能合理，流线清晰； 方案4功能合理，流线清晰； 方案5功能合理，流线清晰。
	契合性	4.3 每个方案的契合性体现在哪些方面？ 方案1建筑造型契合"重庆之门"的地标性，景观平台及廊道满足景观需求； 方案2建筑造型大气而舒展，展现交通建筑的特性； 方案3嵌入式花园景观满足观景需要，方整的形体最完美适应场地形状； 方案4景观平台契合建筑观景需要； 方案5简洁的形体契合场地，环形景观平台实现观景视野的最大化。
	超前性	4.4 每个方案的超前性体现在哪些方面？ 方案1流线型具有未来感的造型； 方案2与使用功能相协调的舒展的形体； 方案3嵌入建筑的城市花园，室内与室外的对接空间； 方案4仿三峡巨石的建筑造型； 方案5丰富的建筑屋顶花园以及架空的环形景观平台。
被动式 （5）	朝向与布局	5.1 每个方案在建筑主体朝向与布局方面采取了哪些有效策略？ 方案1东南朝向，到离港集散与等候分层布置； 方案2东南朝向，到离港集散与等候分层布置； 方案3东南朝向，到离港集散与等候分层布置。景观与等候空间相互穿插； 方案4东南朝向，到离港集散与等候分层布置； 方案5东南朝向，到离港集散与等候分层布置。
	建筑遮阳	5.2 每个方案在建筑遮阳方面采取了哪些有效策略？ 方案1建筑入口处采用宽大雨棚以实现遮阳效果； 方案2建筑利用造型特点，采用斜面开窗，避免阳光直射； 方案3建筑利用嵌入式景观平台这一室内与室外的过度空间，实现对阳光的遮挡； 方案4利用建筑形体，上大下小，建筑自遮阳； 方案5建筑入口处的宽大雨棚实现有效遮阳，同时面江面金属穿孔板表皮有效阻挡阳光直射。

类型	要素层	问题层
	自然通风	5.3 每个方案在自然通风方面采取了哪些有效策略？ 方案 1 环形的形体，内部形成空气循环流动； 方案 2 开敞大空间，有利于空气在内部的流通； 方案 3 开敞的景观面可以直接引入江风，在建筑内部形成对流； 方案 4 建筑内部形成空气对流； 方案 5 建筑内部分布的空间院落形成风井，促进建筑内外部空气流通。
	自然采光	5.4 每个方案在自然采光方面采取了哪些有效策略？ 方案 1 建筑立面上大面积的长条窗； 方案 2 建筑立面上大面积的长条窗； 方案 3 建筑立面上大面积的长条窗； 方案 4 利用造型形成的里面狭缝开窗； 方案 5 建筑立面采用大面积的玻璃和金属穿孔板表皮配合，实现建筑内部自然采光。
评价 （6）	——	6.1 你觉得哪些方案比较适合发展？它（们）的优点是什么？ 方案 1-3 适合发展； 优点：标志性强，设计理念新颖。
	——	6.2 你觉得哪些方案不适合发展？它（们）的缺点是什么？有没有调整的建议？ 方案 4-5 不适合发展。 方案 4 造型结构成本太高； 方案 5 标志性不够突出。
	——	6.3 你对整个项目的推进优化，有什么样的建议？如果让你重新设计一个方案，你会做出什么样的改变？ 以方案 2 为主，形体符合交通建筑特性，功能易于梳理布置，同时结合方案 5 的屋顶绿化概念。
	——	6.4 除了这五个方案中所应用的适宜性策略，还有没有其它的？ 没有了。 6.5 还有没有其他意见？ 没有了。

C. 广阳岛邮轮母港码头客运大楼概念
设计质性评价有效性检验

——原始资料按节点编码（以 C1、C5 为例）

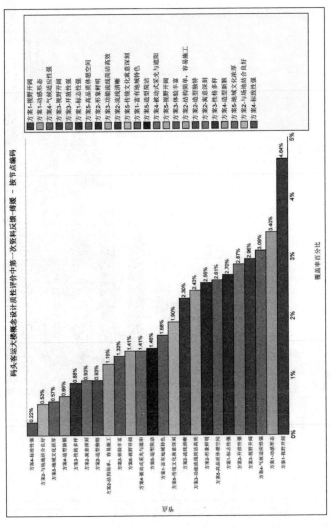

C1

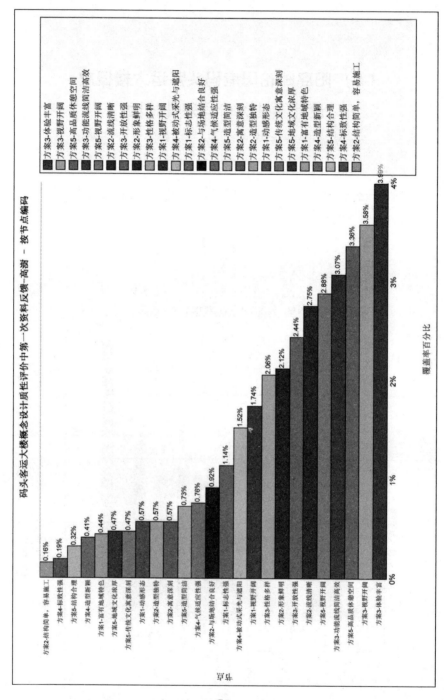

码头客运大楼概念设计质性评价中第一次资料反馈-高端-按节点编码

C5

D. 广阳岛邮轮母港码头客运大楼概念设计质性评价有效性检验

——树节点按材料来源编码（以方案一为例）

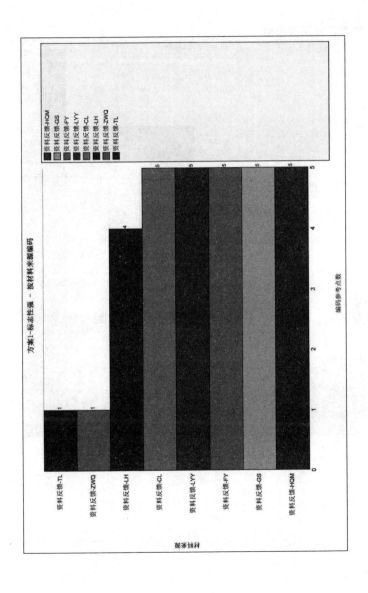

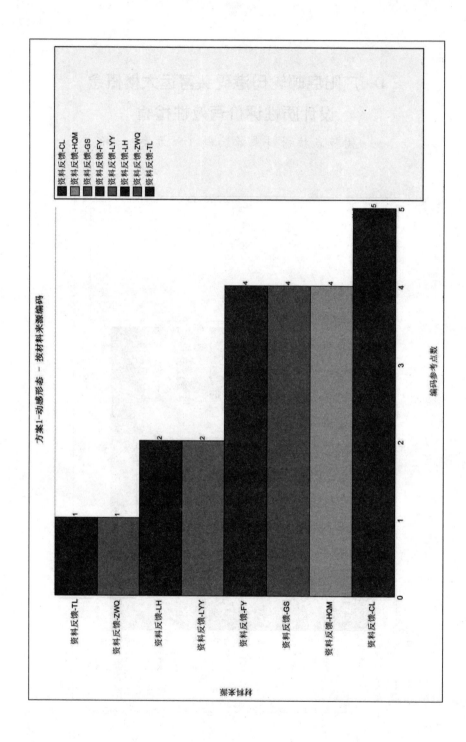

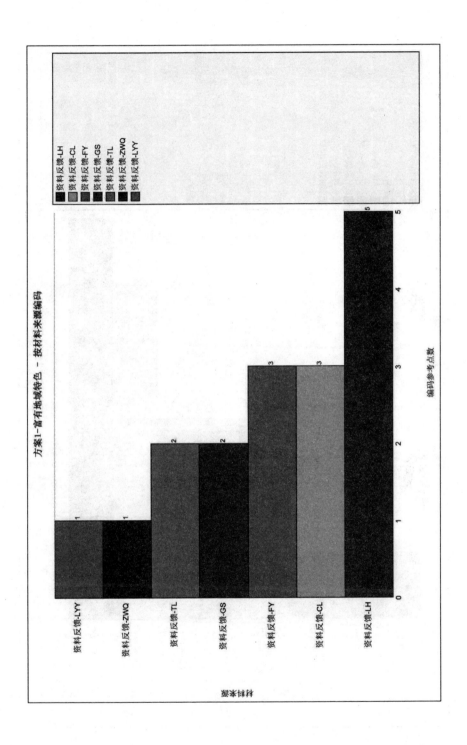

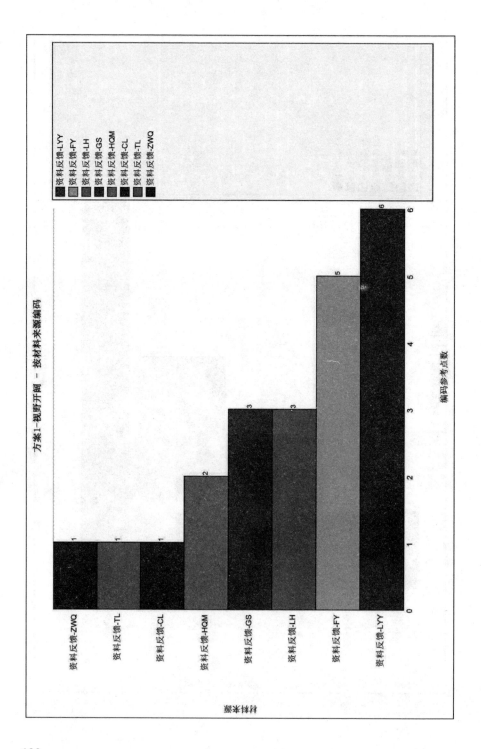

后　记

　　在本书即将付梓之际，谨向我的博士生导师褚冬竹教授致以深深的谢意。导师严谨、务实的学术精神激励着我在建筑设计理论与方法、城市设计理论与方法研究的道路上努力前行，无处不在的帮助与鼓励解除了我在研究道路上的后顾之忧，最终使我鼓起勇气出版人生的第一部专著。导师非常重视该书的出版，逐字阅读了书稿并提出了诸多修改建议，对该书倾注了大量心血。

　　在可持续发展的总体目标下，建筑师的职责早已不再仅仅是处理好建筑造型、功能布局、交通组织等基本问题，综合处理好"人-建筑-环境"的关系被放到首要位置。鉴于建筑设计逐渐转向强调人、环境共同作为主体这一总体趋势，本书选择并借鉴了研究人类关系较成熟的人类学、社会学常用研究方法——质性研究与质性评价，并尝试将其融入建筑设计过程，旨在提高建筑的综合效能，优化建筑设计过程。

　　本书基于褚冬竹教授团队关于"可持续建筑与城市空间生成与评价"的整体研究思路。首先，在人类学、社会学、评价学、可持续建筑技术与理论等研究成果的基础上，对质性研究与质性评价应用到建筑学领域的实用性与可靠性进行了论证；然后，对建筑设计过程中"质"与"量"的相关要素进行剖析，对在建筑设计过程早期如何通过对"质"性要素的控制，引导建筑走向较高效能这一难题进行了探讨，并建立了一种作为设计工具的"建筑设计过程中质性评价方法"模型，最后通过本人参与的设计实例进行了方法检验与修正。

不同于传统物质性非常明显的研究对象，以"建筑设计过程"为对象的研究具有一定的挑战性，本人真切地希望能够在基础或共性层面对建筑学及相关领域的研究学者、建筑师、学生等提供一点有价值的参考，并能够尝试解决设计过程中的一些基本问题。

感谢重庆大学建筑城规学院给我提供了良好的学习与交流平台。感谢重庆大学建筑城规学院卢峰教授、龙灏教授等多次为我答疑，感谢中国科学院大学张路峰教授全力支持并推荐本书出版，感谢美国评价协会（AEA）会长"Qualitative Methods"分会主席 Jennifer Jewiss 的鼓励及对本书的指点，各位专家学者的指引是本书完成的保障！

感谢 Lab. C. [Architecture] 建筑设计工作室（褚冬竹教授工作室）给我提供的实践与研究机会，以及良好的工作环境。感谢工作室所有成员，尤其是塔战洋、刘德成、李海涛在此书完成期间的陪伴，没有你们的帮助与支持，此书难以完成。本书的完成还得到了其他诸多单位、老师、朋友的大力支持，在此一并感谢！

感谢北京人文在线文化艺术有限公司，感谢编辑范继义老师，感谢"学术中国"微信平台！

感谢家人，尤其是妻子侯燕丽一如既往的支持、理解与鼓励！

受本人学识所限，书中难免会有不当之处，敬请诸位学者提出宝贵意见！

2015 年 7 月 22 日 重庆